피타고라스로 푸는 상대성이론

임성민 :
서울대학교 공과대학에서 원자핵공학을 공부했다.
내가 사는 세상을 제대로 알고 싶어 물리와 수학을 오래 탐구했고, 인간을
이해하기 위해 운명을 연구한다.
〈파동의 법칙〉, 〈플랑크 상수로 이해하는 양자역학〉, 〈운명의 발견〉 등을
썼고 물리 수학 관련, 원고를 쓰고 있다.

정문교 :
행정학과 문학을 공부했다.
고대 그리스의 자연철학을 탐구하다 자연과학에 매료돼 수학, 과학 공부
를 하고 있다.
익힌 내용을 나누고 싶어 몇 권의 책을 썼다.
함께 쓴 책으로 〈파동의 법칙〉, 〈플랑크 상수로 이해하는 양자역학〉이 있
고 혼자 쓴 책으로 〈쉽게 풀어쓴 운명〉이 있다.

피타고라스로 푸는 상대성이론
기하로 이해하는 시간과 공간

임성민·정문교 지음

봄꽃여름숲
가을열매겨울뿌리

차례

직각삼각형으로 상대성이론을?

워밍업

뉴턴 25
절대공간?
관성법칙
신이 중심인 공간
제2 운동법칙 & 관성법칙
관성의 운동에너지 & 에너지 보존법칙
기준좌표계 & 갈릴레이 변환

특수상대성이론

광속도 불변 37
광속 불변 & 맥스웰의 파동방정식
마이컬슨 & 몰리의 광속 측정 실험
시간은 그냥 이벤트일 뿐
빛 속도를 갈릴레이 상대성으로
갈릴레이 변환식으로 접근한 시간
뭔가 부족하다
직각삼각형으로 이해하는 등속운동

빛시계 49

고유 빛시계
고유 빛시계의 작동
피타고라스 빛시계
기울어진 빛의 경로 & 감마계수
우주선의 속도
감마계수 유도
우주선의 속도로 그리는 피타고라스 빛시계
피타고라스 빛시계의 특징
로렌츠 변환의 예비단계, 갈릴레이 변환
피타고라스 빛시계로 로렌츠 변환 유도
공간좌표 x'의 수정
시간좌표 $t'=t$ 수정
로렌츠 변환이 아인슈타인 변환이라 불리지 않는 이유

$E=mc^2$ 72

직각삼각형으로 $E=mc^2$ 유도
아인슈타인의 발상 & 의문
아인슈타인의 빼어난 추론
질량이 에너지로 바뀐다?
에너지의 증분
아인슈타인, 상상력을 발동하는 예술가

상대성이론 & 기하학 85

도형과 공간을 탐구한 철학자들
존재의 기하학

고대 그리스 철학자들

탈레스   91

탈레스의 정리 / 탈레스의 논증
탈레스의 직각삼각형 & 피타고라스 정리

제논   99

파르메니데스 & 제논
존재 철학자
영원히 변하지 않는 하나
제논의 역설
아킬레스와 거북이의 경주
거리 계산 1 / 거리 계산 2
직각삼각형으로 짜인 관계 거리
거북이는 빛시계 / 아킬레스는 감마계수
아킬레스가 빛의 속도로 달린다면?
감마계수를 모르면 상대성을 모른다
물체의 속도 / 제논이 γ를 알았다고?

플라톤   122

이데아 / 내가 보는 개는 개가 아니다?
물체의 최소 단위는 직각삼각형
동굴의 비유 / 회전하는 빛
플라톤과 상대성이 무슨 상관?
4차원 빛시계

일반상대성이론

γ로 이해하는 일반상대성 135

γ로 접근하는 질량과 에너지
분리된 주체를 결합하라!

γ가 만드는 동영상 프레임

프레임이 4개인 피타고라스 빛시계 141

첫 번째 프레임 : F1 (t = 0~2초)
두 번째 프레임 : F2 (t = 2~4초)
세 번째 프레임 : F3 (t = 4~6초)
네 번째 프레임 : F4 (t = 6~8초)
거리 비교
정지계와 가속계를 경험한 관찰자
물체의 속도로 알아보는 감마계수
일반상대성이론의 시겸?

4차원 빛시계 157

피타고라스 빛시계가 4차원 빛시계로
4차원 빛시계 제작 과정
4차원 빛시계의 위력
4차원 빛시계가 제공하는 중요 수식들
정리
참고 자료

특수상대성

시간과 공간은
다르지 않다

일탄상대상

공간이 휘면 시간도 휜다

Pythagoras

Einstein

글 앞에

아인슈타인이 창안한 상대성이론을 피타고라스로 푼다고?
농담하는 거야?
상대성이론은 자연과학이나 공학을 전공하는 대학생들도 어려워하는 물리이론이죠. 한데 2450년 전에 활동한 신비주의 철학자 피타고라스가 왜 나오느냐고요? 그가 발견한 원리가 대단하다는 건 인정하지만 그렇다고 상대성이론까지 해결한다는 건 너무 억지가 아니냐고요?
네. 아직은 책을 보시기 전이니 의구심을 품는 게 당연합니다.
이 책에는 처음부터 끝까지 직각삼각형이 등장합니다.
'그럼 내용이 별로 없겠군. 상대성이론을 설명하겠다니 그건 좀 두고 볼 일이고. 그거 빼면 직각삼각형으로 할 수 있는 게 뭐 얼마나 되겠어?'
네. 그렇게 생각할 수 있습니다.
우리가 지금껏 알아왔던 직각삼각형만 떠올린다면.
이 책은 상대성이론을 기술하되 완전히 새로운 관점으로 접근했습니다. 로렌츠 변환에 머물지 않고 에너지와 물질은 동등하다는 $E=mc^2$까지 나아갑니다.

에너지와 운동량, 질량의 관계식 $E^2 = p^2c^2 + m_0^2c^4$을 기하학으로 유도한다는 거죠. 그 과정까지 보고 나면 피타고라스가 얼마나 대단한 사람인지 알 수 있을 겁니다.

수학자이자 천문학자, 철학자로 활동했던 피타고라스는 기원전 580년경 이오니아의 사모스 섬에서 태어났습니다. 그는 이집트와 동방을 여행했고 50세가 되었을 때 남부 이탈리아에 정착했습니다. 그곳에서 학파를 만들고 교사로 활동하면서 정치적 영향력도 행사했습니다.

피타고라스는 이 세계가 수학적 원리, 수학적 질서로 구성돼 있다고 생각했습니다. 조화롭고 균형 잡힌 코스모스(cosmos)라는 거죠. 모든 사물이 수적 질서에 따라 배치되고 작동한다는 겁니다.

피타고라스 학파는 조화로운 우주에서 아이디어를 얻어 수적 관계로 표현된 음계를 만들었습니다. 음계가 있기에 아름다운 화음이 울려 퍼지는 거죠.

그래도 가장 큰 업적을 꼽는다면?

당연히 피타고라스 정리죠.

'직각삼각형의 빗변 제곱은 다른 두 변 제곱의 합과 같다.'

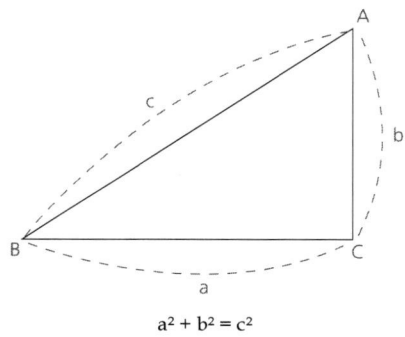

$a^2 + b^2 = c^2$

이 직각삼각형은 중학교 교과과정에서 기하학의 문제를 풀 때 다루었을 겁니다. 이렇게 단순한 도형이 어렵고 복잡한 상대성이론의 핵심과 맞닿아 있다고 선언한다면?

쉽게 수긍할 수는 없을 겁니다.

이 도형은 특수상대성이론을 설명하는 것에 그치지 않고 일반상대성이론, 심지어 양자역학의 기본 구조를 이루고 있습니다.

직각삼각형으로 상대성이론을?

이쯤 되면 이런 생각이 들겠죠.
'그래, 알았다고. 그래서 피타고라스 정리를 어떻게 쓸 건데?'
네. 특수상대성이론에서 사용할 직각삼각형은 단순합니다. 피타고라스 정리가 수식에 들어가지 않습니다. 책을 읽는 여러분이 직접 빛의 경로를 느낄 수 있도록 5:3:4와 5:4:3 비율의 직각삼각형 2개를 활용하겠습니다.

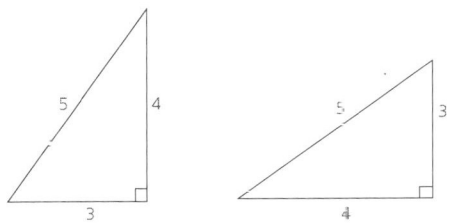

이 비례식은 널리 알려져 있죠. 고대 이집트인들이 피라미드를 세울 때 이용했다는 바로 그 식입니다.
이제 여러분은 간단한 도형 2개로 빛의 속도(c)가 왜 시간 지연을 일으키는지(시간을 늘리는지) 확인할 수 있습니다. 또 길

어진 비례값이 특수상대성이론의 핵심인 감마계수(γ)가 된다는 것, 그 γ가 공간과 시간의 난해한 비밀을 해결하는 중요한 정보라는 걸 알 수 있습니다.

일반상대성이론을 설명할 때는?

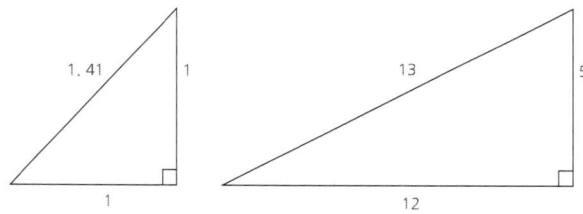

1: 1: √2 와 12:5:13 비율의 직각삼각형 2개만 더 추가하겠습니다. 직각삼각형 4개의 특성만 파악하면 휘어지는 공간과 시간의 관계를 충분히 확인할 수 있다는 거죠.

과정을 따라가다 보면 2500년 전에 활동했던 피타고라스가 환생해서 아인슈타인의 상대성이론을 설명하는 것 같은 느낌을 받을지도 모릅니다.

특수상대성

직각삼각형의 기하학

일반상대성

원의
기하학

워밍업

뉴턴

뉴턴은 운동방정식 f=ma를 만들었습니다.

아인슈타인은 운동방정식이 정확한 수식이 아니라 근사한 수식임을 증명했습니다. 흥미로운 건 운동방정식이 없었다면 상대성이론은 탄생할 수 없었다는 거죠.

자연과학에서는 그 어떤 법칙도 처음부터 절대성을 가질 수는 없습니다. 처음부터 흠결 없는 법칙, 정교한 수식이 나올 수는 없다는 거죠. 시간이 흘러가면서 점점 더 정확한 이론으로 발전하는 겁니다.

그 때문에 어떤 이론이 불확실한 것으로 결론 났다고 해도 애초에 그것을 생각해낸 과정과 사유방법을 이해할 필요가 있습니다.

뉴턴은 형태를 갖그 있는 물질을 관찰하고, 물체의 운동에 관한 법칙을 연구하면서 무슨 생각을 했을까요? 뉴턴 역학은 어떤 인식에 기초한 것일까요? 아인슈타인의 상대성이론이 나올 수 있었던 배경은 무엇일까요?

뉴턴(Isaac Newton 1642~1727)과 아인슈타인(Albert Einstein 1879~1955), 두 과학자는 우주의 시간과 공간에 대한 인식이 달랐습니다. 뉴턴은 우주의 시간을 절대적인 독립변수라 믿었습니다. 운동의 제2 법칙, f=ma에서 시간은 그 어떤 경우에도 변하지 않는 완전한 독립변수입니다.

그럼 공간이라는 변수에 대해 뉴턴은 어떤 생각을 했을까요?

절대공간?

아마도 상당수 사람들은 뉴턴이 공간에 대해서도 절대시간처럼 절대공간이라는 개념을 가지고 있었다고 생각할 겁니다. 프린키피아에 발표한 3가지 운동법칙을 자세히 살펴보면 그의 생각을 알 수 있습니다.

뉴턴은 공간을 절대 독립변수로 생각하지 않았습니다. 이건 운동법칙의 핵심인 제2 법칙만 떠올려도 바로 알 수 있죠. 운동법칙 2에는 당연히 제1 법칙인 관성법칙이 전제돼있으니까요.

사실 이 관성의 법칙은 갈릴레이(Galileo Galilei, 1564~1642)가 발견한 것이죠. 이후 뉴턴은 관성의 법칙을 자신의 운동법칙에 포함시켰고 운동법칙의 기본원리로 받아들였습니다.

그럼 관성(inertia)의 법칙을 자세히 살펴보겠습니다.

관성법칙

관성의 법칙은 이렇게 표현할 수 있습니다.

물체는 외부로부터 힘을 받지 않는 한, 현재 상태를 그대로 유지하려는 (공간적)성질, 즉 관성이 있다.

이런 관성법칙에 따라 형성되는 공간을 관성계라고 합니다.
관성계에서 운동하는 물체는 어떤 모습을 하고 있을까요? 관성계의 운동을 이해하려면 자유로운 상태에서 등속도로 움직이는 우주선을 상상하면 됩니다.
어떤 상황인지 잘 그려지지 않는다고요?

그럼 등속도로 움직이는 배나 기차에 타고 있다고 생각해보세요. 그 상황에서 물체를 위로 던지면 어떻게 될지 그려보세요. 물론 직접 경험해보면 더 좋겠죠.

기본적으로는 정지한 공간에서의 상황과 비슷할 겁니다.

약간 다른 경우도 생각해봅시다.

지상에서 버스 2대가 나란히 정지해있다고 합시다. 이제 버스 1대가 서서히 움직입니다. 버스가 움직인다는 걸 느낄 수 없을 정도로 아주 천천히 움직이면 버스에 타고 있는 사람들은 자신의 버스가 움직이는지, 또는 상대 버스가 움직이는지 분간하기 어렵습니다. 더군다나 아무 표적도 없는 우주 진공에서 우주선이 등속도로 움직이는 상황이라면?

어떤 우주선이 정지해있고 어떤 우주선이 움직이고 있는지 구별할 방법이 없습니다. 즉 관성법칙에 따르면 우주에는 관찰자가 등속으로(속도를 바꾸지 않고 똑바로) 움직이는 한, 상대가 움직이는지 자신이 움직이는지 알 수가 없습니다.

이 상황은 뭘 의미할까요?

우주 공간에는 기준점이 없다는 거죠. 중심이 따로 없다는 겁니다. 이 점을 뉴턴도 깊이 생각했겠죠.

신이 중심연 공간

한데 뉴턴은 왜 공간이 절대적이라고, 절대공간을 믿은 것으로 알려졌을까요?

그가 살았던 시대 때문이죠. 당대 사람들은 기독교 우주관에 따라 하나님이 중심인 공간이 있다고 생각했습니다. 뉴턴 역시 신실한 기독교도였습니다. 이런 상황이고 보니 스스로 나서서 세상의 믿음체계에 반하는 주장이나 견해를 굳이 표출할 까닭이 없었을 겁니다.

제2 운동법칙 & 관성법칙

$F=ma$ (m: 질량, a: 가속도)

뉴턴의 운동법칙은 고전역학의 핵심이라 할 수 있습니다.

근데 좀 이상하죠? 우주에는 중심이 따로 없다고 했는데 그럼 대체 무엇을 중심으로 운동하는 걸까요?

운동법칙 2에는 선행되는 원칙이 있어야 합니다. 바로 관성의 법칙입니다.

F=ma 수식에 따르면 힘은 가속도의 크기가 결정합니다.

만약 가속도가 0이면 외부 힘은 없겠죠. 당연히 물체는 정지한 상태에 있거나 애초의 속도를 그대로 유지합니다. 이것은 제2 법칙이 관성법칙을 내포하고 있다는 거죠.

결국 F=ma는 (관성법칙을 확인해줄 뿐 아니라) 관성법칙이 전제돼있음을 드러내는 식입니다.

관성의 운동에너지 & 에너지 보존법칙

관성법칙에 따르면 외부에서 힘이 가해지지 않는 한 물체의 속도는 일정하게 유지됩니다.

그럼 질량이 있는 물체가 움직이면?

에너지를 갖겠죠. 물체가 관성운동으로 얻는 에너지를 운동에너지라 합니다. 운동에너지는 뉴턴 역학에서 비중이 꽤 큽니다. 관성계에서 운동에너지는 외부에서 힘이 작용하지 않는 한 일정한 값으로 보존됩니다.

힘이 작용하는 구간에서 운동에너지는 적분으로 구할 수 있습니다.

운동에너지 = 힘(ma) × 이동거리(x)

가속도: a=dv/dt
속도: v=dx/dt
거리의 변화량: dx=vdt

$$\int (m \cdot a) \times dx = \int m\,(dv/dt)(vdt)$$
$$= \int m \times vdv$$
$$\Rightarrow \int_{c}^{v} m \times vdv = \frac{1}{2}mv^2$$

관성법칙은 에너지 보존법칙과 밀접한 연관이 있습니다.
위에서 적분으로 구한 $(1/2)mv^2$ 을 염두에 두기 바랍니다.
이 값은 $E=mc^2$을 유도할 때 다시 만날 겁니다.
$(1/2)mv^2$은 질량과의 관계를 따질 때 활용하겠습니다.

기준좌표계 & 갈릴레이 변환

관성계에서는 중심이 있는 절대좌표계를 사용할 수 없습니다. 제각각 등속도로 움직이는 관성계의 운동을 설명하려면 기준좌표계가 필요합니다. 이 얘기는 고전역학의 절대공간을 상대적 공간으로 바꿔야 한다는 거죠.

갈릴레이 변환을 해야 합니다. 공간 좌표가 상대적이면 물체의 위치를 나타낼 수 있으니까요. 다음은 갈릴레이 변환을 이해할 수 있는 그림입니다.

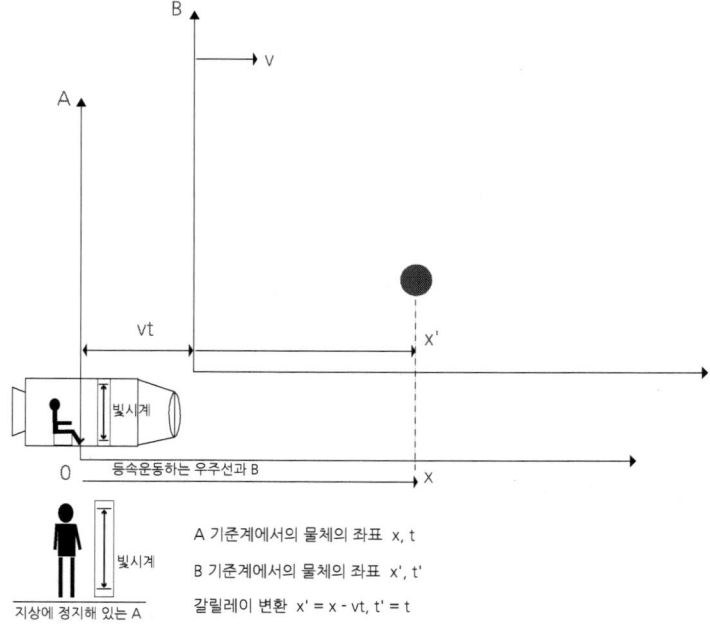

지상의 정지좌표계(x, y, z) 원점에는 관찰자 A가 서 있습니다. 그 원점에서부터 B가 탑승한 우주선이 t=0 시간에 v 등속도로 움직이고 있습니다. B에게 주변 물체들은 어떻게 보일까요?

관찰자 B는 A와는 다른 등속좌표계를 사용해야 합니다.

즉 B가 탄 우주선이 일정한 속도로 움직이므로 우주선 자체가 지상과 같은 위상을 갖습니다. 우주선의 위치를 원점으로 하여 새로운 기준좌표계 (x', y', z')를 사용할 수 있습니다.

이제 정지계의 원점에서 떨어져 있는 임의의 점, x를 생각합시다. x점은 등속좌표계에서 보면 x'위치에 놓여있습니다. 등속좌표계가 오른쪽으로 움직이므로 두 좌표간의 거리는 vt입니다.

그럼 다음과 같은 수식이 성립합니다.

$$vt + x' = x$$

x'항을 기준으로 정리하면

$$x' = x - vt$$

시간 t는 누구에게나 동일하고 y, z축은 변함이 없으므로 같은 값입니다.

따라서 갈릴레이 변환식은 다음과 같습니다.

$x' = x - vt$

$y' = y$

$z' = z$

$t' = t$

갈릴레이 변환식이 중요한 이유는?

로렌츠 변환식을 유도하려면 반드시 알아야 하는 기본식이니까요.

특수상대성이론

광속도 불변

빛은 특별한 속성을 하나 부여받았습니다.

속도가 언제나 일정하다는 것.

누구든 진공에서 빛의 속도를 측정하면 언제나 초속 30만km가 나옵니다. 이 광속 불변원리에서 특수상대성이론이 도출됩니다. 상식에 기대어 생각하면? 말이 되지 않습니다.

빛의 속도를 알려건 당연히 속도를 합산해야죠. 이를테면 초속 30m로 달리는 자동차가 있다고 합시다. 지상에는 정지해 있는 A가 있습니다. 달리는 차에는 B가 타고 있죠. B는 A를 스쳐가면서 차가 달리는 방향으로 초속 20m의 공을 던졌습니다.

A의 관점에서 공의 속도는?

모든 속도를 더하견 되겠죠? 자동차 속도에 공 속도를 합하면 A가 감지한 속도, 초속 50m가 나옵니다.

빛은 다릅니다. 지상에서 이동하는 자동차를 볼 때와는 차이가 있습니다. 그러니까 우주선에 올라탄 B가 초속 20만km로 달리면서 앞쪽을 향해 빛을 발사합니다. 이때 지상에 정지해 있는 A가 빛의 속도를 재면 어떤 결과가 나올까요?

빛은 자신의 고유 속도, 초속 30만km를 그대로 유지합니다. 속도 변화가 일어나지 않았습니다.

이 현상은 참 납득하기 어렵죠.

빛은 변속하지 않는다는 걸 우리가 믿을 수 있을까요?

광속 불변 & 맥스웰의 파동방정식

그럼 광속 불변원리를 수식으로 표현한 사람은 누구일까요?

영국의 물리학자, 맥스웰(James Maxwell, 1831~1879)입니다. 1865년, 맥스웰은 전기와 자기를 연구하면서 4가지 방정식을 응용했죠. 그는 기존의 물리법칙(앙페르 법칙, 패러데이 법칙, 쿨롱 법칙, 사바르 법칙)에 미분방정식을 동원해 맥스웰의 방정식을 정립했습니다.

식을 만들 때만 해도 관건은 빛이 아니었죠.

한데 자기가 만든 방정식을 푸는 도중에 느닷없이 빛의 실체를 발견한 겁니다. 전자기(전기와 자기)에 파동의 속성이 있었던 거죠. 파동방정식은 예기치 않게 나온 결과물입니다.

방정식으로 전자기파 속도를 계산해보니?

빛의 고유 속도, 초속 30만km가 나왔습니다. 빛에 전자기파의 속성이 있다는 건 빛의 정체를 규명했다는 겁니다. 즉 관측자의 움직임과 상관없이 빛은 언제나 초속 30만km로 달린다는 사실을 확인한 셈입니다.

다음은 맥스웰이 유도한 전자기파 파동방정식입니다.

$$\frac{\partial^2 y}{\partial x^2} - \frac{1}{v^2}\frac{\partial^2 y}{\partial t^2} = 0 \quad \rightarrow$$

$$\frac{\partial^2 E_x(z,t)}{\varepsilon z^2} - \epsilon_0\mu_0\frac{\partial^2 E_x(z,t)}{\partial t^2} = 0$$

특수상대성이론

이건 전자기파 속도죠.

$$v = \frac{1}{\sqrt{\epsilon_0 \mu_0}} = \sqrt{\frac{1}{4\pi\epsilon_0} \frac{4\pi}{\mu_0}}$$

$$= \sqrt{8.99 \times 10^9 \times \frac{1}{10^{-7}}} = 2.99 \times 10^8 \, m/s$$

광속도는 전자기파 파동방정식으로 정확하게 계산할 수 있습니다. 수식에서 광속도는 전기장의 유전율과 자기장의 투자율로 계산됩니다. 결과를 보면 빛의 속도는 물체의 움직임과 상관이 없죠. 진공의 속성에 의해 결정될 뿐입니다.

결국 빛의 속도는 우주 진공에서 등속도로 움직이는 관찰자에게는 항상 동일하다는 사실을 이론으로 확인했습니다.

이 이상한 진실을 어떻게 받아들여야 할까요?

그 당시 과학자들은 어리둥절할 뿐이었습니다. 상식적으로 해결할 수 없는 이상야릇한 사건을 만났으니까요.

마이컬슨 & 몰리의 광속 측정 실험

1887년 마이컬슨(1852~1931 미국의 실험 물리학자)과 몰리(1838~1923 미국의 화학자·물리학자)는 빛의 매질을 연구하던 중, 광속 측정 실험(마이컬슨-몰리 실험)을 했습니다.

이들은 맥스웰이 1865년 광속 불변을 증명했다는 사실을 전혀 모르고 있었습니다. 두 사람은 지구의 공전 방향에서 오는 빛과 반대편에서 날아오는 빛의 속도가 다르다는 전제로 실험을 했습니다. 두 빛이 중첩되었을 때 간섭현상이 일어날 것이라 예측한 거죠.

한데 간섭이 발생하지 않았습니다. 빛이 오는 방향을 바꿔가며 실험을 반복해도 마찬가지였죠. 광속은 어떤 경우에도 변하지 않았습니다. 지구의 속도와 상관없이 항상 일정했습니다.

그들은 빛 속도 실험이 완전히 실패한 거라 믿고 그냥 밀쳐두었죠. 이후 어떻게 되었냐고요?

1907년, 두 사람은 노벨상을 받았습니다. 광속 불변을 실험으로 증명한 최초의 인물들이니 상을 받을 만하죠? 더욱이 미국인으로는 처음 수상한 노벨상이었다고 하죠.

시간은 그냥 이벤트일 뿐

광속도 불변에 대해서는 아인슈타인(1879~1955)도 일찌감치 관심을 갖고 있었습니다. 정확히 표현하면 의문을 품었던 거죠.

등속운동을 하는 모든 물체는 동일한 물리법칙이 적용된다는 갈릴레이 상대성이론은 광속 불변과 상응할 수 없습니다. 갈릴레이 상대성은 속도 총합이 기본이죠. 물체의 속도를 구하려면 더하거나 빼는 과정만 정확하면 계산이 나옵니다.

근데 빛은 파동이고 속도가 명확한데도 덧셈, 뺄셈이 먹히지 않았죠. 아인슈타인은 갈릴레이 상대성과 광속 불변을 완전히 분리하려는 생각은 하지 않았습니다. 두 경우를 통합할 수 있는 방법이 뭘까, 하고 궁리했던 거죠.

1905년, 특수상대성이론을 발표하기 한 달 전, 그는 이 문제를 놓고 친구와 얘기를 나누었습니다. 광속 불변에 대한 친구의 견해를 경청하던 도중에 아인슈타인은 문득 시간을 보는 관점을 생각하게 되었죠.

'시간을 절대적으로 보면 시간은 누구에게나 동일하게 흘러갈 것이다. 절대시간은 빠르거나 느리게 작동하지 않고 언제나 어디서나 누구에게나 똑같이 적용되겠지.

근데 시간을 꼭 절대적으로 볼 필요가 있을까? 아니, 시간을 그냥 이벤트로 보면 어떨까? 어떤 사건이나 일이 일어나는 순서를 시간으로 생각하면 시간이 누구에게나 같지는 않을 거야.

그럼 정지 상태의 대상이 느끼는 시간과 운동하는 대상이 경험하는 시간은 달리 흘러가겠지. 일어난 사건의 순서가 다르니 당연히 시간도 다른 거지. 누가 사건을 보는지 확정하지 않으면 시간에 대해서는 갈할 수 없을 거야.'

이날, 아인슈타인은 시간을 완전히 새롭게 인식했죠.

시간이 모든 사람에게 동일하게 적용된다는 원칙을 포기하는 순간, 정지한 사람의 시간은 움직이는 사람의 시간과 같지 않다는 사실을 확인한 겁니다. 그로부터 5주 후, 그는 특수상대성이론을 발표했습니다.

빛 속도를 갈릴레이 상대성으로

아인슈타인은 시간의 절대성을 포기했습니다.

그래도 갈릴레이 상대성이론과 광속 불변이 아주 다르다고는 생각하지 않았습니다. 단지 시간의 개념만 바꾸면(시간은 누구에게나 똑같이 흐른다 → 정지한 사람이 보는 것과 운동하는 사람이 보는 사건은 같지 않다) 갈릴레이 상대성과 광속 불변은 모순이 없다고 여겼죠.

그는 진공에서 빛의 속도가 일정하다는 사실을 갈릴레이 변환식으로 연결합니다. 그 어떤 과학자도 떠올리지 못한 놀라운 발상이었죠. 광속도를 갈릴레이 변환식으로 바라보았다는 게 어떤 의미냐고요?

절대시간에 대한 믿음을 완전히 깨부수었다는 겁니다.

'절대'는 어떤 상황이나 상태가 그 누구에게나 동일하게 적용되는 걸 의미합니다. 예외가 있을 수 없습니다. 아인슈타인은 시간 앞에 붙는 절대를 떼버렸습니다. 절대시간을 파괴하면서 유도한 결과물이 바로 특수상대성이론이죠.

갈릴레이 변환식으로 접근한 시간

그럼 갈릴레이 변환식으로 특수상대성이론의 시간을 따져보겠습니다.

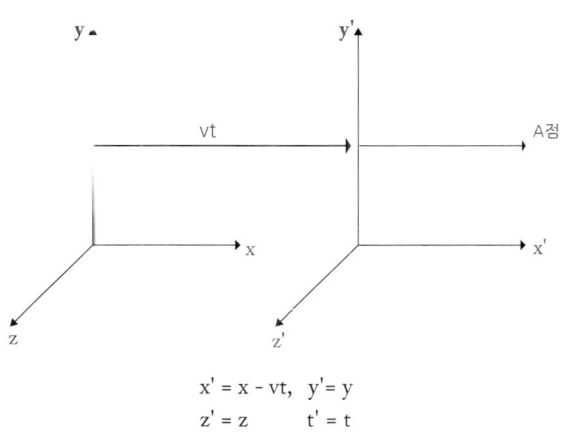

$$x' = x - vt, \quad y' = y$$
$$z' = z \quad\quad t' = t$$

갈릴레이 변환식은 속도가 다른 2개의 좌표계($x\ y\ z\ /\ x'\ y'\ z'$)를 정지계의 좌표(x, y, z)로 표현합니다. 이것은 등속 직선으로 움직이는 상대받이 역으로 정지계의 관찰자가 되어 자신의 기준계로 상대를 기술하는 것이죠. 한데 이 변환식에서 공간은 $x'=(x-vt)$로 표시돼있지만 시간은 동일한 시간($t'=t$)으로 나타나있습니다. 그러니까 정지계와 등속계의 시간은 절대시간인 거죠.

아인슈타인이 주목한 건 바로 이 부분이었습니다. 절대시간을 바꿔야 한다고 생각했던 거죠. 시간의 절대성을 포기하면 광속도 불변원리를 이해할 수 있다고 판단한 겁니다.

뭔가 부족하다

이런 생각을 하는 분이 있을 것 같군요.

'수식을 봐도 잘 모르겠는 걸. 내가 아인슈타인이 아니어서 그런가? 절대시간을 포기한다는 게 감각으로 와 닿지 않아.'

네. 맞습니다. 수식만 보고 과정을 곧바로 떠올릴 수는 없죠. 절대시간이 상대시간으로 바뀌는 경로가 느껴지지 않고 이해되지 않는 게 맞습니다.

식으로만 접근하면 아인슈타인이 절대시간을 포기하고 광속도 불변원리를 적용한 중간 과정을 알 수 없습니다.

왜 그럴까요? 복잡하지도 않은 계산식인데 말이죠.

수식은 단순합니다. 관건은?

간단한 식 안에 추상적 개념이 포함돼있다는 거죠. 수식이라는 게 원래 그렇습니다. 명료해 보이는 식 안에 어떤 현상을 이해할 수 있는 지식이나 정보가 들어앉아 있습니다.

겉으로 드러난 수식은 표현식일 뿐이죠. 어떤 수식을 이해했다는 건 표현식이 내포한 관념이나 의미, 즉 내막(內幕 inside story)까지 알고 있다는 겁니다. 그래서 단계가 많고 복잡한 수식이라도 속사정을 알고 나면 조금은 쉽게 접근할 수 있습니다.

직각삼각형으로 이해하는 등속운동

이 책에서는 수식의 의미를 체감할 수 있도록 도형을 활용하겠습니다. 피타고라스의 3: 4: 5 비율의 특수 직각삼각형은 잘 알고 있죠? 그걸 밑변과 높이를 바꾸어 등속운동을 하는 두 가지 운동계(Frame of constant velocity)로 이용하겠습니다.

등속운동은 특수상대성이론에서 매우 중요한 개념입니다.

두 사람이 우주 진공에서 일정한 속도 v로 서로 멀어지고 있다면 어떤 쪽이라도 다른 한쪽을 정지된 관측자로 간주할 수 있습니다. 여기서는 특수상대성이론을 설명하기 위해 일단은 관측자 중 한 사람, A를 정지한 관찰자로 가정합니다.

다른 관찰자 B는 우주선을 타고 일정한 속도 v로 움직입니다.

빛시계

고유 빛시계

두 관찰자 A와 E에게 동일하게 작동하는 빛시계가 있다고 가정합니다. 빛시계는 높이가 30만km로 아래쪽에서 출발하여 2초간 왕복운동을 하며 그 운동을 지속합니다.

1초가 지나면 천정에 닿고 다시 1초가 지나면 바닥에 닿는 방식의 운동을 이어가는 겁니다.

이쯤 되면 이런 말이 나올 테지요.

'아, 뭐야? 그렇게 큰 빛시계가 어디 있어? 현실성 없는 얘기를 늘어놓는군.' 빛시계는 사고실험을 위한 겁니다.

로렌츠 변환식과 $E=mc^2$을 수식으로만 유도하면 수식이 잘 와닿지 않고 의미도 제대로 파악할 수 없습니다.

그런데 높이 30만km인 엄청나게 큰 빛시계를 우리 머릿속에 그리기만 하면 빛이 어떻게 시간과 공간의 변화를 연출하는지 시각적으로 확인할 수 있습니다. 즉 보이지 않는 것을 마음의 눈으로 확인하고 볼 수 있는 거죠.

드디어 특수상대성이론에 적용할 수 있는 빛시계가 갖추어졌습니다. 우리는 이 빛시계를 고유 빛시계(or 빛시계)라고 부르겠습니다.

빛시계

고유 빛시계의 작동

최초 시간 t=0초 시점에 B가 탄 우주선이 A가 정지해 있는 지점을 지나갑니다. 이 시점부터 각자의 고유 빛시계가 작동합니다.

등속운동하는 우주선고 B

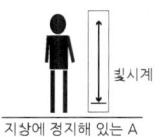

지상에 정지해 있는 A

각자의 고유 빛시계로 1초가 경과한 시점의 우주선 위치에 대해 얘기해보죠. 이때 우주선의 속도라고 하지 않고 우주선이 진행한 거리라고만 하겠습니다. 이유는 좀 있다 알게 될 겁니다.

피타고라스 빛시계

여기서 A가 B의 빛시계를 보는 상황을 가정해봅시다. A가 바라본 B의 빛시계는 자신의 빛시계와는 다른 형태로 작동하겠죠. 이렇게 다르게 보이는 빛시계를 '피타고라스 빛시계'라고 부르겠습니다.

피타고라스 빛시계는 고유 빛시계와 어떻게 다를까요?

그림은 1초 후에 A가 B의 빛시계를 떠올리는 장면입니다.

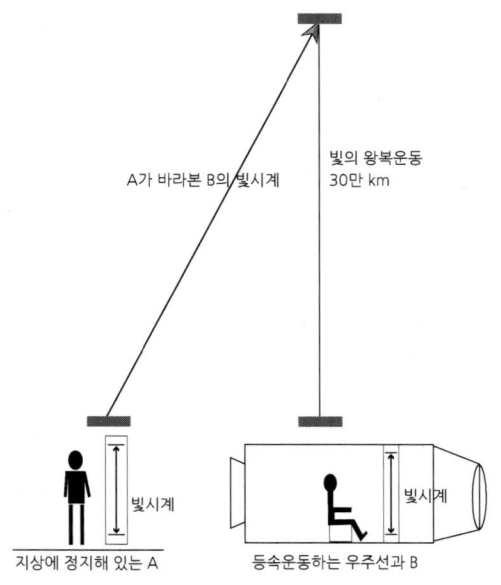

고유 빛시계는 수직으로 왕복운동을 하지만 피타고라스 빛시계는 빛의 경로가 사선입니다. 우주선의 이동 경로가 더해졌기 때문이죠. 피타고라스 빛시계는 직각삼각형이 됩니다.

이제 우주선이 앞으로 나아간 거리가 22.5만km일 때의 상황을 피타고라스 빛시계로 생각해봅시다.

여기서 주목할 건?

우주선의 속도가 아니라 우주선이 진행한 거리입니다.

속도 대신에 거리가 제시된 이유는 차차 따질 겁니다.

일단 진행거리가 주어지면 빛시계의 모습을 그릴 수 있습니다. 밑변 22.5만km, 높이 30만km이므로 직각삼각형은 3:4:5가 되죠. 빗변의 길이는 37.5만km입니다.

이 정도는 피타고라스 정리로 계산하지 않더라도 충분히 알 수 있습니다.

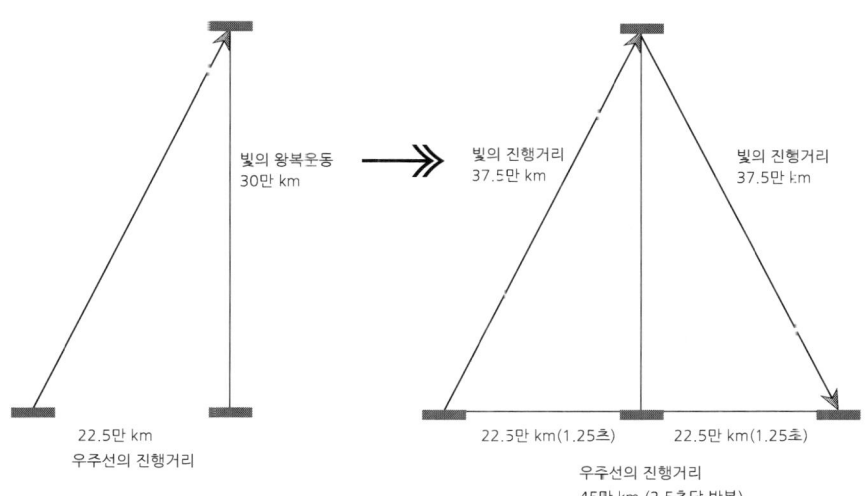

특수상대성이론 53

피타고라스 빛시계에서 빛은 처음 1초 동안 위로 움직입니다. 다시 1초가 경과하면(2초 후에는) 아래로 움직여 2개의 직각삼각형이 됩니다. 이렇게 대칭을 이루는 시계의 모양은 우주선이 등속운동을 하는 한 반복됩니다.

기울어진 빛의 경로 & 감마계수

빛의 속도는 누구에게나 일정한 값을 갖습니다.
관측자의 움직임은 상관이 없습니다. 그래서 A가 바라보는 피타고라스 빛시계(우주선에 있는 B를 바라보는 경로)는 1.25초 (37.5만km/30만km=1.25) 경과한 시점이 됩니다. B의 고유 빛시계로는 1초가 지났다 하더라도!

B의 고유 빛시계가 1초 경과한 시점에 A는 시간이 1.25초 지난 것으로 생각하는 겁니다. 이때 빗변이 길어진 비율이 γ라면 시간은 γ초만큼 흐른 것이죠.
과정을 알 수 있는 그림입니다.

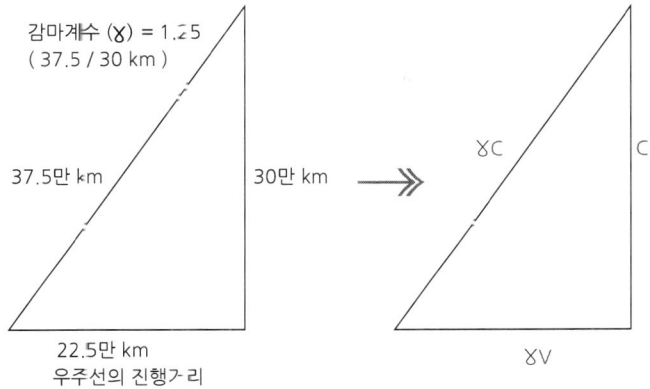

우주선의 속도

최초 1초 동안 우주선이 진행한 거리는 22.5만km였습니다.

이제 길어진 빗변의 비율, γ값으로 속도를 논할 수 있죠(우주선의 속도는 아직 얘기하지 않았습니다).

정지한 A 기준에서 보면 우주선이 22.5만km로 진행한 거리는 1초가 아니라 1.25초 동안 나아간 거리입니다. 그 때문에 우주선의 속도를 구하려면 우주선이 진행한 거리 22.5만km를 1.25초로 나누어야 합니다.

우주선의 속도: (진행거리 22.5만km/1.25초)= 초속 18만km

우주선 속도까지 구하고 나면 특수상대성이론의 큰 윤곽은 확보한 셈입니다. 여기서 우주선이 속도를 바꾸지 않는 한, A의 관점에서 피타고라스 빛시계는 2초마다 왕복 운행을 계속할 겁니다. 이런 상황은 몇 달, 몇 년이 흘러도 이어지겠죠.

만약 B가 우주선에서 1년(12개월) 경과했다면?
A에게는 1년 3개월이 됩니다. 어째서?
감마계수 1.25를 곱해야 하니까요.
그럼 B의 우주선이 쉬지 않고 10년을 여행한 상태면?
A에게는 12.5년이 지난 시점입니다.
그러니까 A와 B 사이에 시간의 불일치가 발생하는 것이죠.
시간이 어긋나는 건 빛의 경로가 기울었기 때문입니다. 이때 길어진 빛 경로의 비율이 감마계수(γ)입니다. 감마계수는 피타고라스 빛시계의 기울어진 경로에서 비롯됩니다.
피타고라스 빛시계에서 밑변의 길이가 우주선의 진행거리가 아니라 우주선의 속도라면 당연히 속도에 γ를 곱해야겠지요.

감마계수 유도

이번에는 피타고라스 빛시계의 직각삼각형으로 감마계수를 구하는 식을 유도해보죠. 초속 18만km의 우주선에서 파생되는 피타고라스 빛시계르 직각삼각형을 추론하는 겁니다.

먼저 높이가 빛의 속도 c인 피타고라스 빛시계에서 직각삼각형을 그려야겠죠. 이때 밑변의 길이는 길어진 시간 동안 나아간 우주선의 진행거리이므로 속도 v가 아니라 γv입니다.

직각삼각형의 높이: 빛의 속도 c
직각삼각형의 빗변: γc
직각삼각형의 밑변: γv, v:(우주선의 속도)
직각삼각형의 각 변을 γ로 나눕니다.

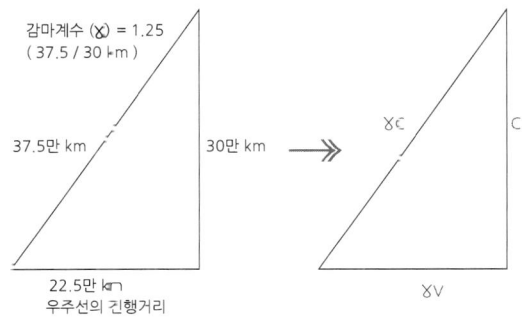

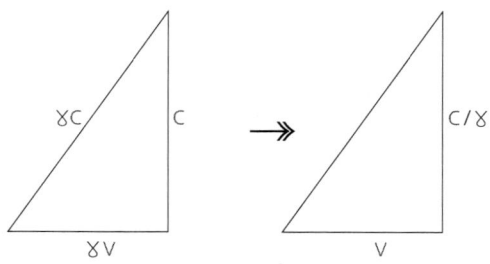

각각의 변을 γ로 나누는 이유는?

γ값을 한 변에만 남겨야 피타고라스 정리를 수월하게 이용할 수 있으니까요. 최종 단계의 직각삼각형에서 피타고라스 정리를 적용해 γ를 구하면?

$$c^2 = v^2 + (\frac{c}{\gamma})^2 \quad \rightarrow \quad 1 = (\frac{v}{c})^2 + (\frac{1}{\gamma})^2,$$

$$1 - (\frac{v}{c})^2 = (\frac{1}{\gamma})^2 \quad \rightarrow \quad \sqrt{1 - (\frac{v}{c})^2} = \frac{1}{\gamma}$$

$$\gamma = \frac{1}{\sqrt{1 - (\frac{v}{c})^2}}$$

분모의 값이 1보다 작으므로 감마계수 값은 항상 1보다 크죠.

우주선의 속도로 그리는 피타고라스 빛시계

우주선의 속도가 제시될 경우, 감마계수 값을 먼저 계산합니다. 감마계수 값으로 우주선이 진행한 거리를 구하고 그 값으로 피타고라스 빛시계를 그려보겠습니다.

우주선 속도가 초속 24만km라고 할까요?

그럼 감마계수 공식을 이용할 수 있겠죠.

$$감마(\gamma)계수 = \frac{1}{\sqrt{1-(\frac{v}{c})^2}} = \frac{1}{\sqrt{1-(\frac{24}{30})^2}} = \frac{5}{3}$$

감마계수 : $\frac{5}{3}$ ≒ 1.666 …

밑변의 길이(우주선의 이동거리) : $24 \times \frac{5}{3} = 40$

빗변의 길이(빛의 진행거리) : $30 \times \frac{5}{3} = 50$

밑변 : 높이 : 빗변이 4 : 3 : 5의 직각삼각형

우주선의 속도 v를 알면 감마계수(γ)를 계산할 수 있고 그 값으로 피타고라스 빛시계를 그릴 수 있습니다.

우리는 사고실험을 통해 정지한 관찰자 A가 피타고라스 빛시계로 2초마다 마주보는 직각삼각형을 만드는 과정, 천정과 바닥을 왔다 갔다 왕복운동 하는 모습을 그릴 수 있습니다.

그럼 B의 고유 빛시계가 1초 경과한 후, 정지계에 있는 관찰자 A의 고유 빛시계는 어떤 상황일까요?

우주선이 1.6666 … 초 경과한 시점이 되겠죠.

위치는? 당연히 24만km가 아니라 40만km 거리만큼 진행했겠지요. 이 상황을 피타고라스 빛시계로 그려봅시다.

피타고라스 빛시계의 특징

피타고라스 빛시계와 고유 빛시계는 뭐가 다를까요?

피타고라스 빛시계를 활용하면 어떤 이점이 있을까요?

고유 빛시계는 특정 위치에 고정된 빛시계입니다. 다른 기준계와는 상관이 없죠. 정지한 A가 가진 빛시계는 A의 고유 빛시계(A의 빛시계)입니다. 우주선에 탑승한 B가 갖고 있는 빛시계는 B의 고유 빛시계(B의 빛시계)죠.

그럼 피타고라스 빛시계는?

기준계 간에 작동하는 빛시계입니다. 기준계를 넘나드는 빛시계입니다. 피타고라스 빛시계는 정지계에 있는 A가 등속운동하는 B의 빛시계를 보는 것이니 기준계 간(interframe)의 빛시계인 거죠.

정리하면 이렇습니다.
- 피타고라스 빛시계는 정지계의 관찰자가 등속도로 움직이는 관찰자의 시간지연 비율을 직각삼각형 빗변의 길이(기울어진 각도)로 구현한 빛시계이다.

- 길어진(늘어난) 시간은 감마계수 값으로 구할 수 있다.

    감마계수(γ)= 빗변/높이

이런 사항을 기억하면 로렌츠 변환식도 쉽게 구할 수 있겠죠.

로렌츠 변환의 예비단계, 갈릴레이 변환

갈릴레이 변환은 앞에서 다룬 내용이죠.

한쪽 방향으로만 움직이는 물체를 관성법칙에 맞게 좌표를 바꾸면 바로 갈릴레이 변환이 됩니다.

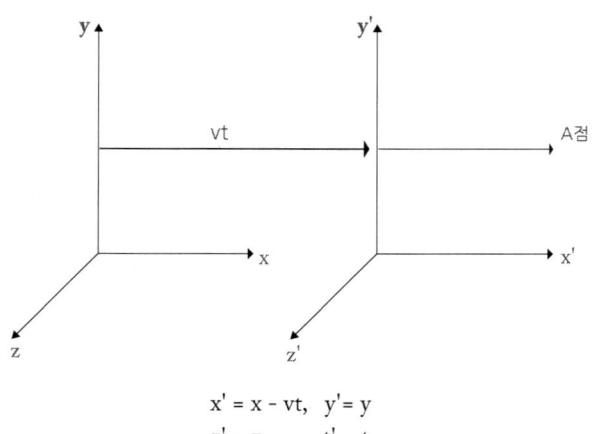

x' = x - vt,　y' = y
z' = z　　　　t' = t

이 수식은 광속도가 일정하다는 사실이 확인된 후, 수정이 필요해졌죠.

$x'= x-vt$ 변환에 더해서는 이미 기술했습니다.

앞서 한 설명이 감각적으로 잘 느껴지지 않는다고요? 2차 함수의 꼭짓점 이동어 관한 수식을 떠올려보는 게 좋겠습니다. 도움이 될 수 있으니까요.

2차 함수 $y=x^2$의 꼭짓점(0.0)을 오른쪽으로 2만큼 이동하면 어떻게 되죠? 이차방정식은 이렇게 바뀝니다.

→ $y=(x-2)^2$

새로운 꼭짓점(2.0)을 중심으로 2차 함수의 그래프를 그릴 수 있습니다. 그래서 $x'= x-2$, $y'= y$로 치환하면 $y'= (x')^2$이 되어 꼭짓점이 (2.0) 이동한 함수가 됩니다.

갈릴레이 변환드 2차 함수 개념으로 접근하면 됩니다.

이때 $x'=x-2$에서 2라는 상수 대신, 움직이는 변수 vt로 치환하는 거죠.

→ $x'=(x-vt)$,

　$y'= y$

피타고라스 빛시계로 로렌츠 변환 유도

갈릴레이 변환에서 로렌츠 변환식으로 가려면?

갈릴레이 변환에서 x'=(x-vt)의 v는 우주선의 속도죠.

바로 이 속도 때문에 피타고라스 빛시계에서는 감마계수만큼 시간 지연이 생겼습니다. 따라서 길어진 시간만큼 x의 거리도 γ 배만큼 길어져야 합니다.

이 부분을 피타고라스 빛시계로 따져봅시다.

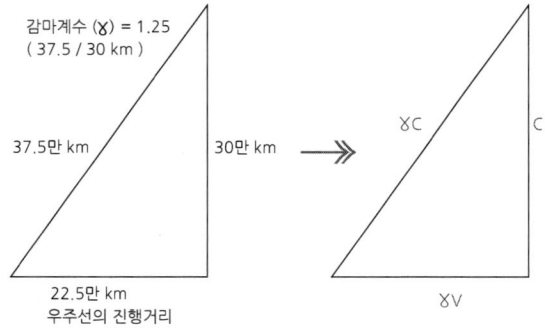

왼쪽에 있는 피타고라스 빛시계의 직각삼각형은 우주선의 속도가 18만km일 때입니다.

이것을 감마계수를 사용해 표시한 것이 오른쪽 그림입니다.

우주선의 고유시간은 1초 경과했지만 우즈선이 실제 이동한 거리는 1.25초만큼 이동한 22.5만km라는 것이죠.

마찬가지로 오른쪽 그림은 우주선이 v 속도로 이동하면 실제 거리는 γ의 시간에 맞추어, 늘어난 거리 γvt만큼 이동하는 겁니다. 즉 갈릴레이 변환에서는 변함 없는 x의 길이를 감마계수 비율만큼 늘여야 합니다.

그러나 이렇게 늘어난 길이도 B의 입장에서 보면 본래의 우주선 속도만큼 이동한 거리 v로 보입니다. 그러니까 A와 B의 관측 거리가 다르다는 사실을 주목해야 합니다.

공간좌표 x'의 수정

예를 들어 우주선 속도가 초속 18만km면 γ계수는 1.25입니다.

그럼 A가 보는 피타고라스 빛시계의 밑변은?

1.25×18만km=22.5만km죠. 1.25초의 시간이 경과해서 우주선이 22.5만km로 움직인 겁니다.

그러나 우주선을 탄 B는 자신의 고유 빛시계로 1초가 지났죠. 우주선의 속도를 기준으로 보면 18만km 이동했습니다. 22.5만km로 이동한 게 아니라는 겁니다.

특수상대성이론에서 우주선 속도는 A와 B에게 동일하게 적용되는 속도입니다. 그러므로 B 관점에서는 지상의 길이 22.5만km가 18만km의 길이로 수축되는 거죠. 아래 그림을 보면 쉽게 이해될 겁니다.

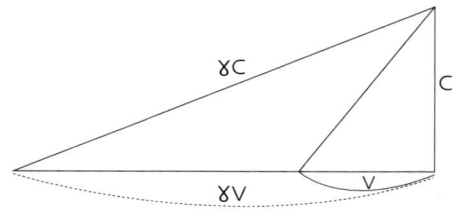

우주선이 움직인 거리는 A에게는 γv로, B에게는 v로 관측됩니다. B에게는 $1/γ$로 길이가 수축되었습니다.

이런 사실을 염두에 두고 이제 갈릴레이 변환의 x'=(x-vt)를 로렌츠 변환으로 수정해보죠.

우주선이 나아간 거리도 길어진 시간, γ만큼 달라져야 하니 (x-vt)에 γ를 곱해야죠.

갈릴레이 변환식은 다음과 같이 바뀌게 됩니다.

$x'=(x-vt) \rightarrow x'=\gamma(x-vt)$

시간좌표 t'=t 수정

공간좌표를 수정하고 나면 시간좌표도 수정해야 합니다. 시간좌표를 수정하는 것은 좀 복잡할 것 같죠?

여기서 힌트를 하나 제공하겠습니다.

x의 좌표가 t로 치환 가능하다는 사실!

이 점만 기억하면 수월하게 식을 유도할 수 있습니다.

공간좌표에서 시간좌표로?

빛의 속도는 시간의 기준이죠. 그러니까 공간과 일정한 대응관계를 만듭니다. 즉 광속 불변원리에서 시간과 공간은 매개상수 c에 의해 항상 비례관계에 놓이는 거죠.

바로 이 부분이 특수상대성이론의 특별한 점입니다.

이 비례관계를 표시하면 다음 식이 됩니다.

x=ct

x'=ct' ('광속 불변'을 나타낸 수식, 기준계에 관계없이 빛의 속도는 항상 일정함을 의미)

x'=γ(x-vt)에서 x는 t의 변수로, x'는 t'의 변수로 치환합니다.

x'=γ(x-vt) → ct'= γ(ct-vt) → t'= γ(t-vt/c)

마지막 vt/c 항목에서는 x=ct를 이용해 t를 x의 변수로 바꿉니다. 결과는 다음과 같습니다.

t'=γ(t-vx/c²)

이것으로 로렌츠 변환식이 나왔습니다.

$$x' = \gamma(x - vt)$$
$$y' = y$$
$$z' = z$$
$$t' = \gamma(t - \frac{vx}{c^2})$$

$$\gamma = \frac{1}{\sqrt{1 - (\frac{v}{c})^2}}$$

로렌츠 변환에서는 시공의 변환이 감마계수배만큼 일어납니다. 이 변환의 핵심은 감마계수에 모두 담겨 있다고 해도 지나친 표현이 아닙니다.

로렌츠 변환이 아인슈타인 변환이라 불리지 않는 이유

로렌츠 변환은 특수상대성이론에서 일어나는 시간과 공간의 변화를 확실히 정리해줍니다. 이 수식은 특수상대성이론의 늘어난 시간, 공간수축, 속도 합산 등 여러 상황에 이용할 수 있습니다.
여기서 수식의 이름에 대해 한 번 생각해보죠.
로렌츠 변환은 특수상대성이론의 기본식입니다. 그럼 아인슈타인 변환식으로 불러야 하지 않을까요? 근데 왜 로렌츠 변환이라 부르는 걸까요?
발표 시점 때군입니다.
아인슈타인이 특수상대성이론을 발표한 것은 1905년이죠.
그보다 1년 앞선 1904년, 네덜란드의 헨드릭 로렌츠(Hendrik Lorentz, 1853-1928)가 이 수식을 먼저 발표했습니다.

어찌된 상황이냐고요?

로렌츠는 전기와 자기, 빛의 관계를 연구한 이론 물리학자입니다. 그는 전자의 진동과 흐름을 연구하던 중에 위 수식을 발견했습니다. 그가 제안하고 만들어낸 로렌츠 변환수식은 특수상대성이론의 결과식과 동일합니다. 한데 수식에 대한 해석과 견해는 완전히 달랐습니다.

그는 에테르(매질) 없이 빛의 속도를 일정하게 측정하려면 움직이는 전자의 길이가 수축해야 한다는 의견을 제시했습니다.

아인슈타인과 로렌츠는 같은 결과를 유도했습니다만, 자연현상에 대한 사고체계나 발상은 아주 달랐습니다. 시간을 대하는 두 사람의 인식이 서로 다른 해석을 낳았습니다.

시간에 대한 절대적 믿음을 포기하는 게 쉽지는 않습니다. 그렇지만 자연과학을 제대로 이해하기위해서는 수식만으로는 충분하지 않습니다. 고정된 시간, 절대 시간에 대한 관념을 잠시 유보하고 유동적 시간, 상대적 시간에 대해서도 생각해봐야 합니다.

$E=mc^2$은 특수상대성이론과 함께 나왔습니다.

$E=mc^2$은 에너지와 물질(질량)이 같다는 수식이죠.

여러분은 $E=mc^2$에 대해 어떤 생각을 갖고 있나요?

상대성이론에 관심이 있는 분들은 관련 책을 통해 $E=mc^2$을 미분과 적분으로 유도하는 과정을 보았을 겁니다. 식을 이해하기 위해 설명을 읽고 또 읽으며 책장을 넘겼을 겁니다. 그러면서 혹시 이런 생각을 하지는 않았나요?

'힘들게 따라가긴 했지만 수식의 의미를 제대로 파악할 수가 없네. 질량이 에너지로 전환을 하기는 하는 건가?'

우리가 어떤 수식을 이해하려면 수식을 느껴야 합니다. 수식을 실감할 수 있어야 합니다. 그러니까 수식이 생생하게 와 닿아야 합니다. 그게 안 되면 수식의 의미를 알아먹을 수 없습니다.

이 책을 통해 아인슈타인이 유도하는 $E=mc^2$을 따라 가다보면 수식에 대한 감이 조금은 잡힐 겁니다. 이제 $E=mc^2$의 도출과정을 아인슈타인이 한 방법대로 살펴보겠습니다.

$E=mc^2$

아인슈타인은 1905년 6월, 《물리학 연보》에 <광양자와 광전효과>에 대한 논문을 발표했습니다.

9월에는 특수상대성이론을 기술하는 <운동하는 물체의 전기동력학에 대하여>라는 논문을 《물리학 연보》에 발표했습니다. 그때 나온 수식이 $E=mc^2$입니다.

이 식은 질량과 에너지는 서로 다른 물리량이라는 고전역학의 원칙을 무너뜨렸습니다. $E=mc^2$에서 질량과 에너지는 같습니다.

아인슈타인이 사고실험으로 식을 이끌어내는 과정은 오늘날 전문 물리서적에서 다루는 방식과는 사뭇 다릅니다. 적분과 미분을 사용해 깔끔하게 결론에 도달하는 과정이 아니라는 얘기지요.

직각삼각형으로 E=mc² 유도

이 책에서는 아인슈타인이 시도했던 사고실험의 원형을 유지하되, 피타고라스의 직각삼각형을 활용하면서 $E=mc^2$을 유도하겠습니다.

B의 우주선이 관찰자 A를 향해 다가가는 상황을 설정

$E=mc^2$을 끌어내는 과정은 피타고라스 빛시계의 직각삼각형과 구조가 비슷합니다. 특수상대성이론에서 설정했던 상황과 다른 점은 우주선이 A에게서 멀어지는 것이 아니라 가까이 오는 겁니다.

B가 탄 우주선에는 빛시계 대신에 빛을 방출하는 발광기가 장착돼있습니다. 이 발광기에서는 1초 동안 E/2의 에너지가 좌우, 양방향으로 방출됩니다.

이런 우주선 내부를 우주선 밖, 정지 상태에 있는 A가 들여다 봅니다. 당연한 얘기지만 A의 시선은 피타고라스 빛시계가 작동하겠지요.

B가 탄 우주선의 구조는 이렇습니다.

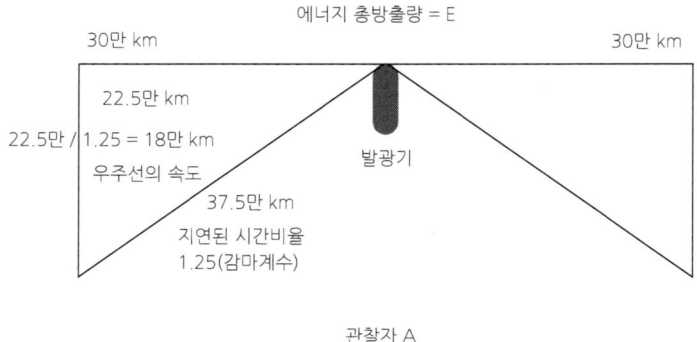

발광기에서는 방출기를 중심으로 빛이 좌우 양방향으로 1초간 방출됩니다. 이때 발광기의 빛에너지는 양쪽 방향이 E/2로 에너지의 총합은 E입니다.

이 빛이 우주선 안에 있는 B에게는 어떻게 보일까요?

빛은 수평으로 방출되는 것처럼 보입니다.

우주선 밖, 정지해있는 A가 보면?

빛은 사선을 그리며 앞으로 진행합니다.

그럼 A가 바라보는 빛의 경로는 어떻게 접근하면 좋을까요?

피타고라스 빛시계에서 사선을 그렸던 감마계수를 A가 관측한 빛 경로에 적용할 수 있습니다.

우주선의 속도가 18만km라면?

감마계수는 1.25입니다. 우주선이 1초 지난 후에 진행한 거리는 22.5만km이며 빛의 경로는 37.5만km가 되죠.

이런 상황에서 아인슈타인은 방출된 에너지와 발광기 질량의 감소 간에는 어떤 연관이 있을 거라 생각했습니다. 또 질량 감소는 운동에너지와 직접적인 관계가 있다고 확신했습니다. 그러니까 질량과 에너지가 서로 긴밀하게 엮이는 실마리를 발견한 거죠.

아인슈타인의 발상 & 의문

과정은 이렇습니다.

1 에너지는 한 쪽으로 1/2E씩 방출, 총량은 E죠.

2. 우주선 속도가 18만km면 감마계수는 1.25

이 상황에서 내부의 관찰자 B가 관측하는 에너지의 방출은?

E가 됩니다.

외부 관찰자 A가 관측하는 에너지는?

1.25E로 증가하고 있습니다. 빛의 경로는 γ가 1.25만큼 길어진 37.5만km니까요.

여기서 아인슈타인은 다음과 같은 의문을 품습니다.

'B가 측정한 빛에너지의 방출은 E이다. 하지만 A가 관측하게 되는 방출된 빛에너지의 합계는 1.25E가 된다. 관측하는 시간이 1.25초니까. 이렇게 증가(증분)된 0.25E의 에너지 원천은 대체 어디에 있을까?'

아인슈타인은 또 다른 의문을 갖습니다.

'빛은 에너지를 가지므로 반발력이 있다. 그렇다면 A의 입장에서 보면 경사진 방향으로 방출되는 빛은 발광기를 뒤쪽으로 밀어낼까?'

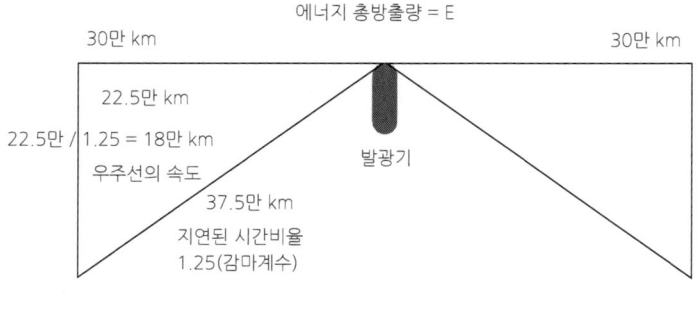

우주선 안에 있는 B에게는 빛이 좌우 수평으로 방출됩니다. 이 경우, 빛의 반발력은 서로 상쇄되어 발광기에는 아무런 힘이 가해지지 않습니다.

우주선 밖에 있는 A가 보는 발광기 상황은 다르겠죠. A에게 빛의 경로는 경사진 방향으로 움직입니다.

기울어진 경로는 두 개로 나누어 생각할 수 있습니다.

좌우로 작용하는 빛의 반발력은 서로 영향을 주어 아무런 효과가 없겠죠. 수직으로 작용하는 빛은 발광기를 뒤로 밀어낼 겁니다. 만약 발광기 바닥이 마찰력이 전혀 없는 상태라면 발광기는 뒤로 밀려나가 우주선의 뒷면에 부딪힐 것입니다.

두 사람이 발광기를 보는 여건은 완전히 다르죠. 이 상황을 어떻게 설명하면 좋을까요?

아인슈타인의 빼어난 추론

아인슈타인은 이런 생각을 합니다.

A에게 관측된 늘어난 에너지가 발광기의 질량에서 나왔고 발광기의 전체질량이 감소한 것이면?

A와 B의 상황은 설명할 수 있다.

예를 들어보죠.

짐을 가득 실은 화물선이 목적지(항구)를 향해 최고 속력을 내고 있습니다. 한데 이 배가 갑자기 예정일보다 빨리 항구에 도착해야 하는 사정이 생겼습니다. 선장은 어떤 선택을 할 수 있을까요?

선장이 배를 더 빠르게 움직이려면 무거운 짐의 일부를 밖으로 던져 배를 가볍게 만들면 됩니다. 그럼 화물선의 무게가 감소해 배는 이전보다 빠르게 움직일 수 있습니다. 버린 물건의 운동에너지가 배의 속도로 전환되었으니까요.

이 사례는 발광기에도 적용할 수 있습니다.

발광기의 질량이 별안간 감소하면 발광기의 속도는 우주선보다 더 빨라져 앞으로 튀어나갈 겁니다. 발광기가 제자리에 있다면 빛의 반발력과 질량의 감소가 절묘한 방법으로 상쇄되어 아무런 변화가 일어나지 않는 거죠. 그렇다면 A와 B가 보는 서로 다른 상황을 설명할 수 있습니다.

아인슈타인이 이런 판단을 하는 근거는 뭘까요?

질량이 에너지로 바뀐다?

빛에너지와 질량 감소는 1:1로 완벽하게 대응, 전환할 수 있다고 생각하기 때문이죠.

질량이 에너지가 된다고?

이런 발상은 시간의 절대성을 부정하는 것만큼이나 혁명적입니다. 만약 질량이 에너지로 전환하게 되면 뉴턴 역학의 기본 원리가 또 한 번 무너지겠죠.

아인슈타인은 질량의 감소와 에너지의 양에 관한 직접적 연관성을 찾기 시작합니다. 또 그것들을 이어주는 연결고리로 감마계수를 주목합니다.

그는 왜 γ에 신경을 쓰는 걸까요?

감마계수는 늘어나는 시간의 비율입니다.

γ에는 물체의 속도가 포함되어 있습니다. 물체의 속도는 발광기의 속도인 동시에 우주선의 속도입니다. 이 속도는 에너지와 연관이 있고 감소된 질량의 운동에너지로 나타납니다. 이것이 질량과 에너지의 관련성을 알 수 있는 대목입니다.

에너지의 증분

여기서 A가 피타고라스 빛시계로 관측하게 되는 에너지의 증가분을 생각해보죠.

방출된 에너지는 두 부분으로 생각할 수 있습니다.

하나는 수평방향의 에너지 E입니다. B가 관측하는 에너지의 양이지요. 나머지는 A에게 나타나는, 비스듬한 경로의 에너지 γ×E입니다. γ×E에서 E를 빼면 증가된 에너지 △E의 값을 구할 수 있습니다.

△E는 어디에서 왔을까요?

△E는 질량 m이 에너지로 전환되지 않았다면 갖게 될 운동에너지에서 나왔습니다. 그러니까 잃어버린 질량 m은 우주선 속도에 의해 갖는 운동에너지 부분, 피타고라스 빛시계에서 에너지의 증분으로 전환되었습니다.

이제 A와 B가 경험하는 상황이 왜 다른지 이해할 수 있겠죠?

△E 값은 감마계수에서 구할 수 있습니다.

$$\triangle E = (\gamma - 1)E \quad * \; \gamma = \frac{1}{\sqrt{1-(\frac{v}{c})^2}}$$

여기서 에너지 증가분을 질량 감소분의 운동에너지, 뉴턴의 운동에너지와 1/2mv²과 비교해보죠.

(γ-1)×E ≒ 1/2mv²로 둘 수 있습니다.

2개의 수식을 같다고 하지 않고 근삿값 부호(≒)를 사용했습니다. 왜 그랬을까요? 두 값이 완전히 같은 양은 아닙니다.

왼쪽 값은 상대성이론에 의한 에너지 증분이죠. 오른쪽 값은 뉴턴 역학에 의한 운동에너지입니다. 뉴턴 역학에 의한 에너지는 (특수상대성이론에 의한 정확한 값이 아니라) 근삿값에 해당합니다.

근사식은 (1+x)의 승수에 대한 테일러의 1차 전개식을 이용합니다.

$$1차 근사식 \quad (1+x)^n \approx 1+nx$$

종속변수 x의 값이 1보다 월등히 작을 때(x<<1) 적용할 수 있습니다. 이제 왼쪽의 에너지 증분에 대한 근삿값을 구해보죠.

감가계수의 경우, (v/c)²을 변수 x로 간주할 수 있습니다.

x=(v/c)²으로 치환하면 x=(v/c)²이 x<<1에 해당합니다.

$$\gamma = \cfrac{1}{\sqrt{1-(\cfrac{v}{c})^2}} = \cfrac{1}{\sqrt{1-x}} = (1-x)^{-\frac{1}{2}}$$

감마계수가 $(1-x)^n$의 함수 형태로 바뀌었습니다.

$(1-x)^n$의 1차 근사식은 $1-nx$입니다. 이 근사식을 그대로 적용하겠습니다.

$$\gamma = (1-x)^{-\frac{1}{2}}$$

$$\rightarrow 1 - \frac{1}{2}(-x) = 1 + \frac{v^2}{2c^2}$$

감마계수 γ의 근삿값으로
에너지 증분 $\triangle E$를 구합니다.

$$\triangle E = E(\gamma - 1) \simeq \frac{1}{2} E(\frac{v}{c})^2$$

에너지 증분도 근삿값이 되었습니다.
두 가지 근삿값을 비교합니다.

$$\frac{1}{2}E\frac{v^2}{c^2} = \frac{1}{2}mv^2$$
$$\rightarrow E\frac{v^2}{c^2} = mv^2$$
$$\rightarrow \frac{E}{c^2} = m$$
$$\rightarrow E = mc^2$$

아인슈타인: 상상력을 발동하는 예술가

$E=mc^2$의 사고실험을 따라가다 보면 $E=mc^2$이 체계적이고 완벽한 논리에 기반해 유도된 게 아니라는 생각을 하게 됩니다.

특히 마지막 단계에서 에너지 증분의 근사식과 뉴턴 역학에 의한 운동방정식의 근사식을 이용하는 것을 보면 마치 퍼즐 조각들을 끼어 맞추는 것 같죠.

아인슈타인은 $E=mc^2$에 대해 확신할 만한 결론을 내기까지 상당한 시간이 필요했습니다. 그는 1905년 9월, 논문을 통해 이 수식을 처음 발표했습니다. 그리고 2년간 연구를 거듭한 후에 확신을 하게 되었습니다. $E=mc^2$ 은 에너지와 질량이 동등한 수식이라는 최종 판단은 1907년이 되어서야 내려졌던 거죠.

수식 유도 과정을 보면 그는 과학자라기보다는 대단한 상상력을 발동하는 예술가라는 생각이 들지 않나요? 그러고 보면 사고실험에서는 완벽한 논리나 치밀한 계산 못지않게 창조적 아이디어도 필요한 것 같습니다.

상대성이론 & 기하학

1915년 아인슈타인은 일반상대성이론을 공표합니다. 상대성원리는 거의 완성된 셈이죠. 이론의 위상도 확고해졌고요. 상대성이론은 문학작품이나 영화를 통해서도 언급되고 있습니다. 작품에서 다루는 상대성이론은 주로 우리의 상상을 자극하는 이야기가 많지요. 실제 이론과는 아주 동떨어진 내용으로 소개되기도 하고 가끔은 완전히 변주되기도 합니다.

물론 작품 한 편에 이론을 죄다 실을 수는 없는 노릇이고 또 물리학을 공부하지 않은 사람들을 대상으로 하는 것이니 어쩔 수 없는 선택이겠지요. 따지고 보면 상대성이론을 어느 정도 이해했다 하더라도 시간과 공간에 대한 개념을 완전히 포착했다고 말할 수도 없습니다.

시간과 공간에 대한 포괄적인 인식은 수식만으로 되는 것이
아니니까요.

도형과 공간을 탐구한 철학자들

시간과 공간에 대한 탐구나 존재의 본질을 따지는 물음은 고
대 철학자들에게는 일상화된 작업이었습니다. 당시의 철학자들
은 대부분 수학자였고 과학자였습니다. 우리가 활용하는 수학과
물리학의 근간이 그들의 사유에서 비롯된 셈입니다.

고대의 철학자들에게 기하학은 중요한 학문이었습니다.

플라톤이 세운 아카데미아 정문에는 "기하학을 모르는 자는
이 문 안으로 들어오지 말라."는 글귀가 씌어있었다고 합니다.

플라톤은 그의 저서 <티마이오스>에서 물질의 기본구조는 직
각삼각형으로 돼있다고 했습니다. 이런 생각은 앞선 자연철학자
들의 영향 때문일 텐데요. 특히 직접적으로 영향을 미친 사람은
피타고라스였을 겁니다.

요즘은 피타고라스 정리가 일반상식에 가깝습니다만, 처음
소개됐을 때는 엄청난 과학지식이었습니다. 인간 삶에도 활용할

수 있는 대단한 정보였습니다.

삼각비는 신전을 높이 쌓을 때 응용할 수 있는 기술이었으니까요. 범람하기 쉬운 강에서 댐을 쌓을 때, 농사를 짓기 위해 수로를 만들 때, 모양새를 갖춘 도시를 건설할 때도 직각삼각형의 삼각비를 적절하게 응용했습니다.

고대인들의 기하학적 지식은 삼각형에만 머물러 있지 않았습니다. 유클리드 기하학은 기원전 300년경에 이미 한 권의 책으로 완성되었으니까요.

그렇다면 고대철학자들은 존재의 본질에 대해 어떤 생각을 했던 걸까요? 기하학에 깊이 매료된 그들은 존재 혹은 본질도 기하학과 연관시켜 생각했을까요?

존재의 기하학

고대 그리스 철학자들은 존재의 본질에 대해 깊이 사유하면서 만들어낸 이미지가 있습니다. 그 이미지를 우리는 '존재의 기하학'이라 이름붙일 수 있습니다.

존재의 기하학!

이게 도대체 무슨 말이냐고요?

존재의 본질을 탐구하면서 철학자들은 시간과 공간에 대해 생각할 수밖에 없었습니다. 그 과정에서 그들이 떠올린 대표적 이미지가 바로 직각삼각형과 원이었습니다. 직각삼각형과 원을 존재의 기하학이라고 할 수 있습니다.

직각삼각형과 원이 대체 상대성이론(시공간 탐구)과 무슨 상관이 있냐고요?

상당한 연관성이 있습니다.

우리는 '피타고라스 빛시계'의 직각삼각형에서 특수상대성이론의 중요한 정보들을 추론했습니다. 시간 지연과 길이 수축 그리고 로렌츠 변환, $E=mc^2$ 의 유도까지.

특수상대성이론은 직각삼각형의 기하학 이론입니다.

일반상대성이론은 원의 기하학 이론이라 할 수 있습니다.

일반상대성이론을 설명할 때는 '4차원 빛시계'가 등장합니다. 4차원 빛시계를 탐구하다 보면 공간이 휘는 현상의 핵심이 원이라는 걸 확인할 수 있습니다.

4차원 빛시계를 통해 우주의 존재를 바라보면 우주는 유클리드 공간으로 돼 있지 않고 비유클리드 기하학, 즉 리만 기하학의 공간으로 이루어져 있음을 알 수 있습니다.

철학적 관점에서 접근하면 이 우주는 각각의 존재들이 원과 직각삼각형을 형성하며 각자의 위상과 관계성을 만들어가는 것이죠.

이쯤에서 직각삼각형과 원을 사유한 고대 철학자들을 잠시 살펴보겠습니다. 일반상대성이론을 조금은 수월하게 접근할 수 있을 테니까요.

고대 그리스 철학자들

탈레스

탈레스는 밀레트스(에게 해 연안의 해안 지대에 있던 도시 중 하나, 기원전 6세기에는 무역항으로 유명했음)출신의 자연철학자입니다.

탈레스가 활약한 시기는 기원전 6세기 초입니다. 그는 상인 신분으로 이집트를 여러 번 다녀왔습니다. 동방으로의 여행은 수학과 천문학 지식을 습득할 좋은 기회였겠죠.

그는 서로 알게 된 지식을 일상에서 활용한 생활인이었습니다. 이를테면 일정한 시간을 정해 그림자를 기록한 후, 그 결과로 피라미드의 높이를 알아냈습니다. 또 일식 시기를 오차 없이 맞혔습니다.

탈레스가 남긴 가장 뛰어난 업적을 꼽는다면?

당연히 '수학의 기초 정리'라고 해야겠죠.

탈레스의 정리

'탈레스의 5가지 정리(기하학의 5가지 정리/수학의 5가지 정리)'는 오늘날 교과과정에서도 다루고 있죠. 여기서는 원과 직각삼각형의 뗄 수 없는 관계를 알 수 있는 정리에 대해 알아보겠습니다.

원주상의 한 점에서 원의 지름을 빗변으로 하는 삼각형을 그리면 직각삼각형이 된다

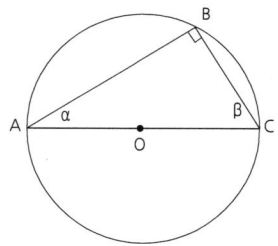

그림은 탈레스의 정리에서 나온 직각삼각형입니다.
직각삼각형은 원주 위의 어느 점을 잡아도 성립하고 A와 C의 각도는 임의적이죠. 탈레스 정리에 의해 각이 다른 직각삼각형은 무수히 많이 생성될 수 있습니다.

재밌는 건 이런 지식을 메소포타미아 지역에 살았던 사람들도 잘 알고 있었다는 거죠. 메소포타미아 사람들은 경험적으로 알고 있었던 사실을 형식화하지 않았고 탈레스는 논리적으로 증명을 했습니다. 그러니까 탈레스는 탈레스의 정리를 통해 원과 직각삼각형의 긴밀한 관계성을 체계적인 방법으로 다른 사람들에게 알려준 것이죠.

탈레스가 기하학적 사실을 어떻게 증명했는지 알아봅시다.

탈레스의 논증

B점에서 원의 중심 O를 향해 선을 그어 2개의 삼각형으로 나눕니다. BO 선분은 원의 반지름입니다. 삼각형의 두 변은 길이가 같고 각각의 밑각은 동일하므로 이등변삼각형이 됩니다.

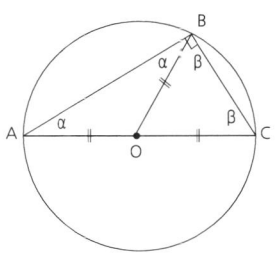

그런 다음, 나뉘기 전의 이등변삼각형 내각을 모두 더합니다. 내각을 합하면 2α+2β입니다. 따라서 더한 삼각형의 합, 2α+2β 는 180°가 되고 그 반의 값은 90°입니다.

$2α+2β = 180°$

$α+β = 90°$

∴ B의 각도 : $α+β = 90°$

고대인들은 탈레스 정리를 이용해 정확하게 90°를 이루는 자를 만들 수 있었겠죠. 탈레스 정리는 원의 지름과 원주상의 한 점이 단순히 직각삼각형이 된다는 사실에만 그치지 않습니다.

직각삼각형의 꼭짓점 B에서 원의 지름으로 수직선을 그어보세요. 그럼 이등변삼각형이 아니라 원래의 직각삼각형과 닮은, 2개의 작은 직각삼각형으로 분할합니다. 거기서 한 단계만 더 나아가면 피타고라스의 정리도 유도할 수 있습니다.

탈레스의 직각삼각형 & 피타고라스 정리

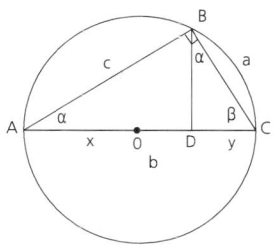

직각삼각형 ABC, ABD, BCD는 직각을 이루고 있습니다. 같은 각을 하나만 공유해도 닮은꼴 도형이 됩니다. 3개의 직각삼각형은 닮은꼴 직각삼각형이라는 것을 쉽게 알 수 있습니다.

닮은꼴 직각삼각형의 각 변을 이용하면 아래처럼 비례식을 만들 수 있습니다.

선분 AB : AC = AD : AB

선분 BC : AC = DC : BC

비례식에서 내항과 외항을 곱하면 다음 관계가 성립합니다.

각 선분 길이의 곱

$(AB)^2 = AC \times AD$

$(BC)^2 = AC \times DC$

$(AB)^2 + (BC)^2 = AC \times AD + AC \times DC$

$(AB)^2 + (BC)^2 = AC \times (AD + DC)$

$(AB)^2 + (BC)^2 = (AC)^2$

위 관계식으로 탈레스의 직각삼각형이 피타고라스 정리에 의한 직각삼각형 관계식으로 바뀌었습니다. 정리하면 다음과 같이 표현할 수 있습니다.

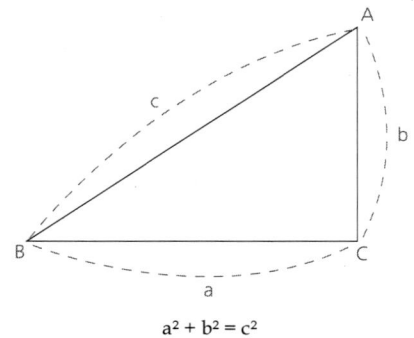

$a^2 + b^2 = c^2$

이 식은 오늘날 삼각함수의 기본원리가 되었죠.

탈레스의 정리에서 외각의 원은 직각삼각형이 지름이었지만 현대수학에서 직각삼각형의 빗변은 원의 반지름으로 이용됩니다. 이런 발상은 17세기에 데카르트가 직각좌표를 고안한 후에 가능해졌죠.

지름이 반지름이 되면서 피타고라스의 직각삼각형은 sin함수와 cos함수식으로까지 응용되었습니다.

현대물리학에서 삼각함수가 없다면? 물리기론을 생각해낼 수 없었을 겁니다. 그렇게 따지면 수학이 발전해야 물리학이 발전하겠죠. 또 수학이 발전하는 데에는 철학자의 사유도 중요한 연결고리가 된다는 걸 알 수 있습니다.

이쯤에서 sin함수와 cos함수를 이어주는 항등식을 하나 소개하겠습니다.

sinθ의 정의 : b/c
cosθ의 정의 : a/c

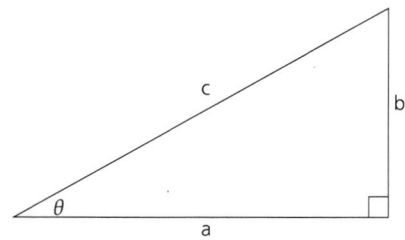

$\sin^2\theta + \cos^2\theta = 1$

이 수식도 결국 피타고라스 정리에서 나온 겁니다.

여기서 1의 의미는 단순한 1이 아닙니다. 완전한 수, 궁극의 수입니다.

철학적으로 접근하면 존재의 본질, 부동의 일자, 이데아 등과도 관련성이 있습니다.

제논

파르메니데스 & 제논

제논(Zenon, 기원전 490년경 그리스 출생)은 파르메니데스의 제자입니다. 파르메니데스(Parmenides, 기원전 515년경~기원전 450년경)는 그리스의 식민지인 남부이탈리아(시칠리아)에서 활동한 철학자죠. 그는 변하지 않는 존재자에 관한 사유를 체계화했습니다. 제논의 사유를 탐구하기 전에 파르메니데스의 철학을 알아봅시다.

파르메니데스 사유의 핵심은 다음과 같습니다.

"비존재는 생각할 수도 없고 인식할 수도 없다."
"존재는 생성되지도 않고 소멸되지도 않으며 영원불변하다."

존재 철학자

파르메니데스는 서사시 형식으로 자신의 생각을 펼쳤는데요. 몇 대목을 소개하겠습니다.

(…)
있는 것은 생성되지도 않고 소멸되지도 않으며,
온전한 한 종류의 것(oulon mounogenes)이고
흔들림 없으며 완결된 것(e'de teleston)이라는.

『소크라테스 이전 철학자들의 단편 선집』中 (DK, B/8, 단편 14)에서

(…)
그것의 생성은 결코 발견할 수 없으리니.
어떻게, 무엇으로부터 그것이 자라난 것인가?
"있지 않은 것으로부터"라고는
말하지도 생각하지도 말라.
있지 않음은 말할 수도 사유할 수도 없는 것이기에.

(같은 곳)

(…)
어떻게 있는 것이 없어질 수가 있으며,
어떻게 없었던 것이 생겨날 수가 있겠는가?
생겨났다면 있지 않았을 것이고,
생겨날 것이라면 있지 않을 것이기에.
하니 생성과 소멸은 불가능하리라.

(같은 곳)

파르미니데스의 인식세계에는 존재만 있고 비존재는 없습니다. 존재자만 가능하고 비존재자는 없습니다. 비존재자는 생각될 수도 없습니다.

존재자는 공간을 차지하고 있죠. 존재자는 생각을 합니다. 존재자와 생각이 하나인 셈입니다. 존재와 사유가 일치하는 거죠.

파르데니데스는 감각을 부정합니다. 감각은 이 세계가 생성하고 소결하는 운동을 끝없이 이어가는 것처럼 보이게 한다는 겁니다. 그의 존재철학은 '영원부동의 일자(영원히 존재하며 변하지 않는 하나)'로 요약할 수 있습니다.

영원히 변하지 않는 하나

그는 사물의 변화와 운동은 허상이며 영원한 존재의 실재는 하나로 귀결한다는, 이른바 파르메니데스 원리(부동의 하나, 부동의 일자)를 세웠습니다. 그는 변화와 비존재를 부정하면서, 비존재를 생각하는 것도 비논리적이라고 말합니다.

그의 논리를 우리는 황당하다고 여길 수 있습니다만, 그래도 하나의 사유를 바탕으로 하고 있다는 점은 인정해야겠지요.

그의 신념은 제자들과 후세대 철학자들에게 상당한 영향력을 발휘했습니다. 플라톤의 이데아론은 파르메니데스에게서 비롯된 것이니까요. 파르메니데스야말로 형이상학의 창시자인 셈입니다.

제논의 역설

변화와 운동을 부정하는 파르메니데스의 사상은 당시에도 많은 비판을 받았습니다. 그의 뛰어난 제자 제논은 스승의 철학을 변호하고 싶었겠죠. 여러 가지 비유를 들어가며 논증을 합니다.

그중에 널리 알려진 것이 '아킬레스와 거북이의 경주'죠.

뉴턴 역학으로 접근하면 '아킬레스와 거북이의 경주'는 분명한 궤변입니다. 그런데도 제논의 논리를 사람들은 '궤변'이라고 하지 않고 역설이라고 합니다.

역설은 모순이 없는 것 같은데 특정한 경우에 논리적 결함을 일으키는 논증을 일컫습니다. 그러니까 다른 관점에서 보면 일면의 진리를 담고 있다는 얘기죠.

아킬레스와 거북이의 경주

아킬레스는 고대 그리스의 서사시 <일리아스>에 등장하는 전쟁영웅입니다. <일리아스>의 저자인 호머는 아킬레스를 묘사할 때, 날쌔게 움직이는 전사라는 의미로 이름 앞에 '발이 빠른'이라는 수식어를 붙였습니다.

발 빠른 아킬레스에 비하면 거북이는 대책 없는 느림보죠.

한데 이들이 달리기 경주를 한다니 말이 되지 않는 게임을 하는 거지요. 그래서 게임의 형평성을 위해 제논은 거북이가 먼저 출발하는 상황을 설정합니다.

아킬레스가 감당할 만한 부담을 지우는 겁니다.

과정을 자세히 살펴보겠습니다.

아킬레스가 달리는 속력은 초속 10m

거북이의 속도는 초속 1m

아킬레스는 거북이 보다 100m 후방에서 출발

위의 조건으로 경기를 하면 어떤 결과를 얻을까요? 출발신호가 떨어지면 두 경주자는 각자의 지점에서 출발합니다. 여기서 둘의 위치를 단계별로 구분해 표시하겠습니다. 단계를 구분하는 지점은 이렇습니다.

아킬레스가 처음 거북이가 출발한 지점에 도착하면, 그 지점에서 거북이가 더 나아가게 되는 지점이(지점까지가) 첫 번째 단계(구간)입니다.

두 번째 단계도 마찬가지입니다. 아킬레스가 첫 단계에서 나아간 지점에 도착하면 그 지점에서 거북이가 더 나아간 지점이 두 번째 단계(두 번째 구간)입니다. 그다음 세 번째 단계, 네 번째 단계... 도 같은 상황이 반복됩니다.

첫 번째 단계

아킬레스가 거북이의 100m 후방에서 출발합니다.

아킬레스가 초속 10m로 달릴 경우, 10초 후면 거북이가 출발한 지점이 도착합니다. 그때 거북이는 그 지점에서 10m 앞으로 나아가 있겠지요.

두 번째 단계 도착지점

아킬레스와 거북이는 10m의 거리로 벌어져 있습니다.
아킬레스는 1초 후에 거북이가 있던 곳에 도착합니다.
그동안 거북이는 1m 앞서 나갑니다.

세 번째 단계 도착지점

꼭 같은 과정이 세 번째에도 반복됩니다.
아킬레스와 거북이 사이의 벌어진 거리는 1m입니다.
아킬레스는 0.1초 후에 이 지점에 도착합니다. 거북이는 그동안 0.1m 앞서 나갑니다. 이 거리는 무시해도 좋을 만큼 차이가 없습니다. 아킬레스가 한순간에 거북이를 추월할 수 있겠죠.

그러나 제논의 주장에 따르면 그런 순간은 영원히 오지 않습니다. 그의 견해가 황당하다는 것은 초등학생도 알 수 있습니다. 그럼에도 후세대의 많은 철학자들은 제논이 전개하는 논리가 명백하게 틀렸다는 걸 증명하는 데 애를 먹었습니다.

오늘날은 무한등비급수를 이용해 제논의 주장이 오류임을 증명할 수 있습니다.

거리 계산 1

이제 영원히 이어지는 거리, 점점 줄어들고는 있으나 끝없이 연속되는, 벌어진 거리를 생각해봅시다.

1단계에서 벌어지는 거리: 10m
2단계에서 벌어지는 거리: 1m
3단계에서 벌어지는 거리: 0.1m
4단계에서 벌어지는 거리: 0.01m
....

아킬레스와 거북이 사이의 거리 간격을 보면 나름의 비율이 있습니다. 1단계를 기점으로 단계마다 0.1버로 줄어들죠. 이런 거리 간격이 영원히 이어진다고 해도 현대수학은 해법을 갖고 있죠.

무한등비급수를 사용하면 두 경주자가 벌이는 거리의 총합을 쉽게 계산할 수 있습니다. 즉 두 경주자가 같은 지점에 서게 됩니다. 그 지점부터는 아킬레스가 당연히 거북이를 앞서가겠죠.

그럼 아킬레스가 거북이를 추월하게 되는 지점의 거리를 무한등비급수로 계산해봅시다.

= 100 + 10 + 1 + 0.1 + 0.01 + 0.001 …
= 111.1111111 …

무한급수의 합 $a/(1-r)$을 분수로 고치면
$S = a_f(1-r)$
111.111111 … = 100/(1-0.1) = 100/0.9

거리 계산 2

이번에는 조건을 바꿔 계산해봅시다.

아킬레스가 다리를 다쳐서 달릴 수 있는 상황이 아닙니다. 절뚝거리며 걷다시피 경주를 하는 거라서 거북이 속력의 2배만 낼 수 있습니다. 초속 2m로 움직이는 거죠.

거북이보다 2배밖에 빠르지 않으니 아킬레스가 거북이의 출발점에 도착하려면 50초가 걸립니다. 그러면 거북이는 거기서 50m 앞으로 나아가 있겠지요.

두 번째 단계에서 아킬레스가 25초 후에 거북이의 첫 번째 도착지점에 이르면 그동안 거북이는 25m 나아가 있을 겁니다.

같은 논리로 두 경주자의 거리는 단계마다 1/2로 줄어듭니다.

1단계에서 벌어지는 거리: 50m

2단계에서 벌어지는 거리: 25m

3단계에서 벌어지는 거리: 12.5m

4단계에서 벌어지는 거리: 6.25m

100 + 50 + 25 + 12.5 + 6.25 + …

무한급수 공식 $S = a/(1 - 0.5)$을 사용하면

초항은 100, 공비는 0.5입니다.

= $100/(1-0.5) = 100/0.5 = 200m$

이번에는 자연수로 명확한 값이 나왔습니다.

이건 암산으로도 가능하죠. 100m 후방에서 초속 2m로 가는 아킬레스가 있고 100m 앞선 곳에서 초속 1m로 가는 거북이도 있습니다. 아킬레스는 100초 후, 정확하게 200m 떨어진 지점에서 거북이를 추월하겠죠.

직각삼각형으로 짜긴 관계 거리

이제 제논의 역설이 황당하다는 건 충분히 증명되었습니다.

그러나 철학자들은 뭔가 석연치 않다고 생각했습니다. 수학적 논리로 제논의 역설을 반박할 수는 있으나 문제는 제논의 주장에 기묘한 논리가 포함되어 있다는 거죠.

거북이가 어떤 지점에 도착하면 아킬레스가 뒤를 쫓고, 거북이가 다시 어떤 지점에 도착하면 아킬레스가 또 쫓아가고 ... 거북이의 동작이 일어나면 아킬레스 동작이 반드시 뒤따르는 상황

..하면 ..하고 ..하면 ..한다는 끝이 없는 조건을 생각해보세요. 아킬레스와 거북이 사이에는 단순한 거리가 아니라 어떤 구조, 이를테면 '관계의 거리'가 있다는 겁니다.

제논이 만들어낸 '관계 거리'는 기하학적이죠. 일정한 원의 지름을 빗변으로 하고, 원주상에서 한 점을 가지는 직각삼각형입니다. 이런 직각삼각형은 탈레스의 정리에서 본 적이 있죠.

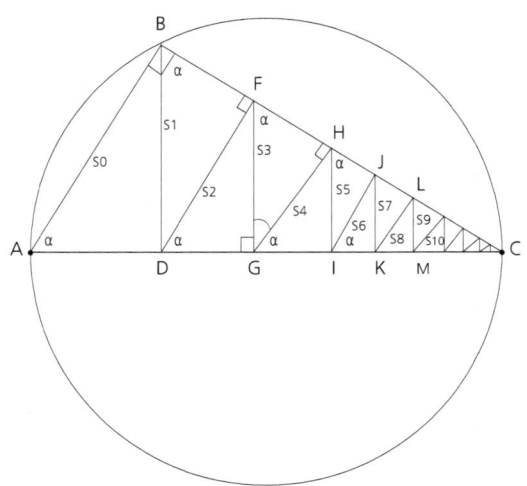

그림을 보면, 둘레상의 점 B에서 수선의 발이 지름인 빗변에 닿았습니다. 그러면 큰 직각삼각형 ABC에서 분할된 2개의 직각삼각형, ABD과 BDC가 생기고 이들은 원래의 직각삼각형 ABC와 닮은꼴을 기룹니다.

여기서 수선의 발을 F,G,H,I … 로 계속 내리면 일정한 비율로 작아지는 닮은꼴의 직각삼각형이 끊임없이 생깁니다.

이제 내렸던 수선의 발에 번호를 붙여 S1, S2, S3, S4, S5 …라는 경로를 만듭시다. 이것들은 아킬레스와 거북이가 차례로 지나가는 경로와 같습니다.

제논의 논리대로면 거북이는 아킬레스보다 항상 한 단계 앞서는 경로를 가게 되고 아킬레스는 거북이 뒤를 따르는 상황이 연출되죠. 그래서 과정을 끝없이 반복하더라도 발 빠른 아킬레스는 느릿보 거북이를 결코 추월할 수 없습니다.

이런 설명은 닮은꼴 직각삼각형에서 각 변이 이루는 관계거리, 또는 각 단계의 경주로로 표시할 수 있습니다.

출발점의 위치: 아킬레스 A, 거북이 B

속도: 아킬레스 초속 10m, 거북이 초속 1m

아킬레스의 최초 경로 S0: AB = 100m

1단계 경로 S1: BD

2단계 경로 S2: DF

3단계 경로 S3: FG

　　…

　　…

흥미로운 건 거리의 비율이죠.

'아킬레스의 경로/거북이의 경로'는 피타고라스 빛시계에서 감마계수(빗변/높이)의 값과 동일한 성질을 갖습니다.

이런 사실은 얼핏 보아서는 알아챌 수 없습니다. 각각의 단계에서 거북이가 지나간 경로와 아킬레스의 경로가 만드는 직각삼각형의 특징을 유심히 살펴야 파악할 수 있습니다.

그러니까 거북이의 경로는 항상 높이가 되고 아킬레스는 빗변의 경로로 뒤따르고 있습니다. 단계마다 형성되는 닮은꼴 직각삼각형을 통해 확인해보세요.

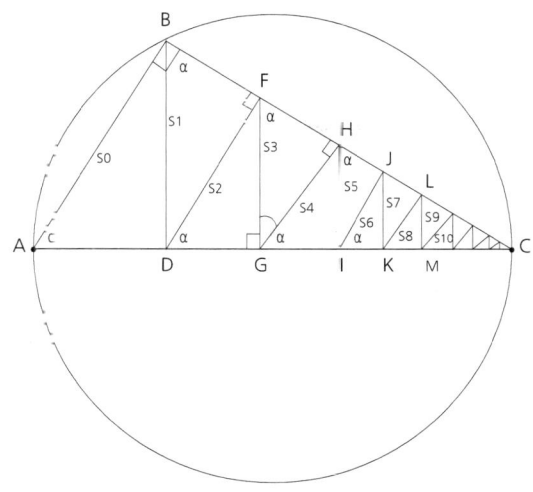

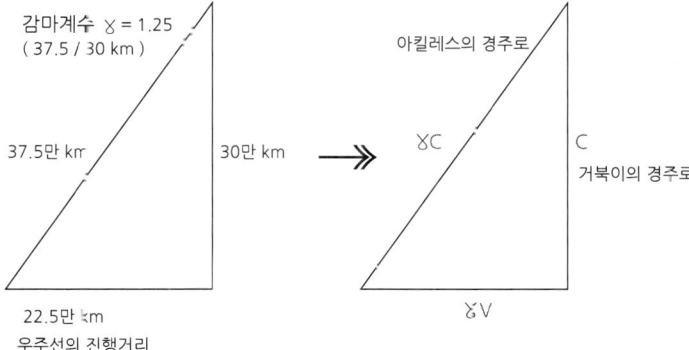

고대 그리스 철학자들

출발점의 위치: 아킬레스 A, 거북이 B

아킬레스와 거북이 사이에 벌어진 처음 간격 $S0 = 100m$

아킬레스 초속 10m, 거북이 초속 1m

1단계 경로: 아킬레스 S0, 거북이 S1

  감마계수 $\gamma \to S0/S1 = 10$

2단계 경로: 아킬레스 S1, 거북이 S2

  감마계수 $\gamma \to S1/S2 = 10$

3단계 경로: 아킬레스 S2, 거북이 S3

  감마계수 $\gamma \to S2/S3 = 10$

4단계 경로: 아킬레스 S3, 거북이 S4

  감마계수 $\gamma \to S3/S4 = 10$

5 단계 경로 : 아킬레스 S4, 거북이 S5

  감마계수 $\gamma \to S4/S5 = 10$

    ...

    ...

혹시 이런 생각을 하는 분들이 있을까요?

'이거, 어디서 본 것 같은데? 단계 값들이 아주 낯설지는 않다'

네. 맞습니다. 아킬레스와 거북이의 경로가 만드는 직각삼각형은 우리가 특수상대성이론에서 도출한 피타고라스 빛시계와 동일합니다. 이 점을 기억하면서 감마계수를 좀 더 탐구해보죠.

거북이는 빛시계

제논의 직각삼각형에서 거북이의 경로는 빛의 속도 30만km에 비유할 수 있습니다. 빛시계 역할을 한다는 거죠. 느림보 거북이가 빛시계 역할을 한다니 상황에 맞지 않을 거 같죠?

곰곰 생각해브면 엉뚱하거나 황당하다고는 할 수 없습니다.

빛은 태양에서 가장 가까운 항성에 도달하려 해도 수년이 걸리고 우주 반대편에 가려면 수백억 년이나 걸리지요. 큰 우주에 비하면 빛의 속도 30만km는 엄청나게 느린 속도입니다.

거북이의 속도가 빛시계로 비유되는 것이 하나도 이상하지 않다는 겁니다.

아킬레스는 감마계수

그럼 아킬레스 경로인 빗변은 어떤 의미가 있을까요?

앞에서 제시한 (아킬레스 속도)/(거북이 속도)의 값은 10입니다. 이 값이, 거북이 경로에 비해 길어진 아킬레스 경로에 반영돼 있습니다. γ와 같은 역할을 하는 겁니다. γ값은 특수상대성이론에서 길어진 시간, 늘어난 시간의 잣대였죠.

늘어난 시간 비율(γ)은 묘한 역할을 합니다.

이 비율이 커지면 정지한 관찰자의 관측시간이 길어집니다. 그 효과는 동영상을 느리게 돌려보는 것과 같습니다. 감마계수가 10인 경우, 1시간짜리 영상을 느리게 돌려서 10시간 동안 보는 상황인 거죠.

영상을 보는 사람은 영상 속의 인물들이 답답할 정도로 느리게 움직인다고 느낍니다. 동영상을 보는 주체는? 특수상대성이론에서 정지한 위치의 관찰자가 되는 것이죠.

아킬레스가 빛의 속도로 달린다면?

만약 아킬레스가 좀 더 빨리 달려서 광속에 가까워지면 어떻게 될까요? 일단 아킬레스의 속도는 증가하겠죠. 그에 따라 감마계수 값이 엄청나게 커집니다.

γ가 커지면 시간 지연이 커지고 동영상의 움직임은?

정지 상태에 가깝겠죠. 결국 아킬레스가 나가는 경로는 0으로 수렴할 뿐이지요. 이 상황은 거미줄에 걸린 곤충이 헤어나려고 발버둥 치는 장면과 비슷합니다.

곤충이 거미줄에 걸려들었을 때 곤충은 빠져나오기 위해 온 힘을 다해 움직이겠죠. 곤충이 버둥거릴수록 거미줄은 올가미가 돼 곤충의 몸체를 더욱더 옥죄는 상황.

감마계수를 모르면 상대성을 모른다

우주에서의 시간과 공간도 거미줄과 비슷하게 작동합니다.

실제로 우주의 블랙홀 주위에서는 이런 현상이 일어난다고 알려져 있죠. 즉 블랙홀에 가까이 다가가면 감마계수는 무한대로 커지고 그에 따른 시간의 지연현상도 엄청나게 커집니다.

이것은 특수상대성이론에서 확장한 일반상대성이론에 의한 것이죠. 감마계수에 관한 한 똑같이 적용할 수 있습니다.

그러니까 길어진 시간의 반대현상으로, 엄청나게 먼 거리가 아주 가까운 거리로 축소되는 거죠.

자세한 것은 일반상대성이론(공간이 휘는 현상)에서 살펴보겠습니다.

결국 상대성이론을 이해하는 지름길은 감마계수입니다.

γ 값에 대해서 자세히 알면 알수록 상대성이론을 좀 더 잘 이해할 수 있습니다. 감마계수 계산식이 기억나지 않는 분을 위해 한 번 더 소개하겠습니다.

$$\gamma = \frac{1}{\sqrt{1-(\frac{v}{c})^2}}$$

이번에는 다양한 속도에 따라 감마계수의 값이 어떻게 변하는지 살펴봅시다.

물체의 속도

음속 340m	빛 속도(C)의 0.00000113	γ ≒ 기본값 1
18만km	빛 속도의 0.6	γ : 1.25
21.2만km	빛 속도의 0.71	γ : 1.41
24만km	빛 속도의 0.8	γ : 1.67
25만km	빛 속도의 0.83	γ : 1.81
27만km	빛 속도의 0.9	γ : 2.29
27.7만km	빛 속도의 0.92	γ : 2.6
29.7만km	빛 속도의 0.99	γ : 7.09
29.85만km	빛 속도의 0.995	γ : 10
29.96만km	빛 속도의 0.9987	γ : 20
	......	
29.999..만km	빛 속도의 0.9999999	γ : 2236
29.99999..만km	빛 속도의 0.99999999	γ : 7071

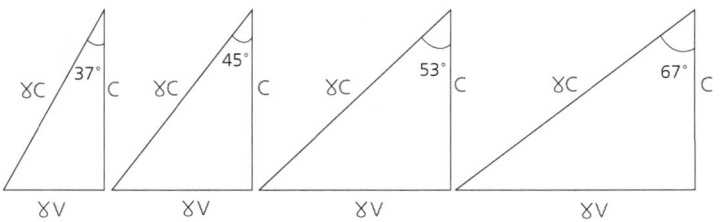

감마계수 1.25, 속도 18만km

감마계수 1.41, 속도 21.2만km

감마계수 1.67, 속도 24만km

감마계수 2.6, 속도 27.7만km

물체의 속도가 빛의 속도에 가까워지면 속도의 증가는 거의 없고 감마계수 값만 엄청나게 커진다

값을 보면 감마계수의 특징을 쉽게 알 수 있습니다.

제논이 말한 아킬레스와 거북이의 경주도 마찬가지입니다. 제논의 역설에는 감마계수가 일으키는 기이한 현상들이 들어 있습니다.

앞에서 제논의 스승, 파르메니데스의 사상을 '부동의 일자'로 소개한 즈이 있는데요. 불변하는 하나, 부동의 일자는 마치 광속도 불변의 원리와 비슷합니다.

제논이 γ를 알았다는?

파르메니데스의 사유는 분명 현실과 동떨어진 생소한 것이죠. 그래서 제논은 스승의 가르침을 세상 사람들에게 어떻게 잘 전달할 수 있을까, 하고 궁리하던 중에 자신도 모르게 시대를 뛰어넘는 감마계수 같은 어법을 만들어냈겠지요.

제논의 역설에는 피타고라스 빛시계(특수상대성이론에서 등장)와 비슷한 직각삼각형이 내포돼 있습니다. 고대의 상대성이론이라고 부를 만합니다. 물론 제논이 특수상대성이론을 이해하고 '아킬레스와 거북이 경주' 같은 설정을 한 건 아니었겠죠.

그럼 제논의 역설에 담긴 진정한 의미는 무엇일까요?

고대 그리스 철학자들은 사물이나 존재의 현상만을 보지 않고 이면이나 내면에 있는 본질을 사유하려 했다는 겁니다.

이제 플라톤을 만날 차례입니다.

플라톤

플라톤은 서양철학의 제왕이라 불리는 철학자입니다.

아테네의 귀족 가문에서 태어난 그가 정치가의 길을 포기하고 철학자가 된 건 소크라테스를 만났기 때문이죠.

별다른 저작물을 남기지 않았던 스승과 달리 그는 일평생 수십 권의 저서를 통해 자신의 생각을 체계화해나갔습니다. 후대 철학자들과 서구 정신사에 끼친 그의 영향력은 비교할 대상이 없을 정도입니다.

플라톤의 사유 범위는 워낙 방대해서 어떤 한 가지로 지칭하기는 어렵습니다. 어쩔 수 없이 하나를 정해야 한다면 이데아의 철학이라 불러야겠지요.

이데아

플라톤이 염두에 둔 이데아는 영원히 변하지 않는 존재, 어떤 경우에도 실체적 변화를 겪지 않는 존재, 진정한 원본 등을 의미합니다.

<파이돈>에서는 죽음 앞에서도 초연했던 소크라테스를 끌어와, 참된 인식을 방해하는 감각과 영혼의 순수한 작용을 논하며 이데아를 얘기합니다.

<국가>에서는 이데아 개념을 비유로 풀어나갑니다.

'태양의 비유'에서는 이성적인 것과 감성적인 것을 구분하죠.

'선분의 비유'에서는 감각적 대상들과 가지적 대상들을 가려냅니다. '동굴의 비유'를 통해서는 진리와 가상을 설명합니다.

환갑이 지나고 저술한 <티마이오스>에서는 이데아로 우주의 탄생과 구조를 논합니다. 플라톤이 생각할 때 우주는 조물주가 이데아를 본떠 구현한 세계입니다. 데미우르고스가 우주 질서의 이데아를 보고 물질적 터(질료, 코라)에 구현한 것이 우주입니다.

내가 보는 개는 개가 아니다?

데미우르고스는 기독교의 창조주와는 역할이 다릅니다. 그의 위상은 오직 제작자로서의 신입니다. 데미우르고스가 세상의 피조물들을 제작할 때에는 외부에 존재하는 질료를 가지고 우주의 원본(the original one)을 참조하여 원본을 모사(copy)합니다.
이 원본이 이데아(idea)입니다.
인간은 원본인 이데아를 알아볼 수 없습니다.
왜? 우리는 사물의 진정한 모습을 직접 볼 수 없기 때문이죠.
조물주가 개의 이데아를 보고 질료를 빚어서 만든 것이 우리가 보는 개라는 얘기입니다. 개의 형태와 능력을 물질에 구현한 것이 바로 현실의 개라는 것! 그러니까 데미우르고스는 장인(匠人)의 신인 셈이죠.
이데아는 변하지 않고 항구적으로 동일성을 유지하는 존재입니다. 코라, 즉 물질은 어떤가요? 조물주의 제작을 가능하게 하는 물질은 변합니다. 끊임없이 생성해가는 흐름인 것이죠.
바람이 불고, 비가 오고, 초목이 자라고, 꽃이 피는 것이 생성(生成)입니다.

열매를 맺고 시들고, 뿌리가 뽑히는 것도 모두 생성이죠. 인간이 태어나고, 살고, 죽는 일도 생성입니다. 생성은 매 순간 차이가 발생합니다. 다름이 지속적으로 태어나는 거죠.

물체의 최소 단위는 직각삼각형

그리스 자연철학자들은 질료(물질)에 규정을 가하면 기본 원소들(물, 불, 공기, 흙 등의 4원소)이 생성된다고 생각했습니다. 플라톤은 어땠을까요? 그도 4원소설을 받아들였습니다. 재밌는 건 그다음입니다. 그는 4원소가 기하학적 다면체들로 돼있다고 믿었습니다. 불은 정4면체, 흙은 정6면체, 공기는 정8면체, 물은 정20면체라는 거죠. 또 기본 원소들로 구성된 우주는 정12면체라고 생각했습니다.

게다가 이 도형들은 변들이 $1:1:\sqrt{2}$인 직각이등변 삼각형, $1:\sqrt{3}:2$인 직각부등변 삼각형으로 환원될 수 있다고 믿었습니다. 직각이등변은 하나의 모양을 만들 수 있고 직각부등변은 여러 가지 모양을 만들 수 있다는 걸 알아냈습니다.

결국 물체의 가장 최소 단위는 직각삼각형이라는 거죠.

이제 많이들 알고 있는 '동굴의 비유'를 통해 진짜와 가짜, 실체와 가상, 진실과 허상을 생각해보겠습니다.

동굴의 비유

컴컴한 동굴 속에 갇혀서 존재의 실체를 보지 못하고 그것의 그림자를 보며 살아가는 죄수가 있습니다.

여기서 죄수가 실체라고 보고 있는 건?

그림자의 일부가 벽면에 투영된 모습일 뿐입니다.

이 비유는 우리 인간이 존재의 원형인 이데아를 이해하기는커녕 사물의 원래 모습도 파악하기 어렵다는 걸 의미합니다. 그의 말이 일리가 있다면 참으로 심각한 문제인 거죠.

이런 얘기를 하는 분이 있을 것 같습니다.

"아니, 동굴의 비유는 여러 책에서 지겨울 정도로 다루는 내용인데, 그걸 왜 하겠다는 거야?"

초등생도 아는 동굴의 비유를 언급하는 데에는 이유가 있습니다. 상대성이론과 연결할 수 있으니까요.

동굴의 비유

태어나서부터 동굴에서 지내게 된 죄수들이 있습니다. 그들의 몸은 사슬에 묶여 있어 자유롭게 움직일 수 없습니다. 옆에 누가 있는지 돌아볼 수도 없습니다.
머리는 동굴의 가장 안쪽에 있는 벽면만 보도록 고정돼 있습니다.
죄수들의 등 뒤편에는 낮은 담장이 있고 길이 있습니다.
그 길을 따라 사람들이 다닙니다. 동물, 식물 및 여러 존재들이 실물이 돼 지나갑니다.
길에서 조금 더 바깥쪽으로 나오면 한가운데 횃불이 활활 타오르고 있습니다. 이 불이 벽면에 그림자를 만듭니다. 움직이는 것들의 형태(동물, 식물, 다양한 존재들의 모습)는 그들을 비추는 불에 의해 벽에 그림자를 드리웁니다. 이 그림자가 죄수들의 시선을 사로잡습니다.

그림자들은 한쪽 벽에 흐릿한 이미지로 나타나지만 죄수들은 그것이 마치 실제인 것처럼 착각합니다. 갇혀 사는 그들은 그림자만이 그들이 알고 있는 유일한 현실이었지요.

그림자가 존재의 모든 것이라 여기며 그림자의 모습대로 반응하고 생각하며 살아갈 수밖에요.
그러던 어느 날 사슬에서 벗어난 사람이 있었습니다.
그는 고개를 돌려 뒤를 돌아보았습니다. 처음에는 그의 눈앞에서 어른거리는 불빛 때문에 사물을 잘 볼 수 없었습니다. 지나다니는 존재들의 모습이 벽면으로 보던 그림자보다 더 비현실적으로 보였습니다.

시간이 흐르면서 그는 그림자와는 다른 실상의 모습을 볼 수 있게 되었고 그것에 익숙해졌습니다. 실체가 무엇인지, 존재의 실상이 어떤 것인지 깨닫게 된 거죠. 이제 사물의 진실한 모습을 보게 된 그는 자신이 동굴 속 벽면에서 보았던 그것들(실체로 알고 있었던)이 실은 실체가 아니라 그림자였음을 알게 되었습니다.

그에게 더 놀라운 일이 일어납니다.
불빛을 뒤로 하고 조금 더 나아가니 좁은 동굴의 출입구가 있었습니다. 동굴의 입구를 벗어나니 바깥은 동굴 안쪽보다 넓은 새로운 세상이 있었습니다.

거기는 풀과 나무가 있고 강물이 보이고, 파란 하늘이 있고 밝은 태양이 환하게 빛나고 있었습니다.

물론 동굴을 벗어난 처음에는 태양 빛이 너무 밝아서 아무것도 볼 수 없었습니다. 시간이 흐르면서 마침내 빛이 세상을 비추고 존재의 실상을 드러낸다는 걸 알 수 있었죠.

이제 죄수는 모든 것을 명확하게 깨닫습니다.

그가 사슬에서 풀려나 처음 보았던 풍경은 좁은 동굴 내부에서 횃불이 사물을 비추는 것이었죠. 그 빛은 사물을 분명하게 파악할 수는 없는 약한 빛입니다. 명확한 사물의 모습은 동굴 속 횃불로 볼 수 있는 게 아니니까요.

죄수는 좀 더 넓은 공간, 동굴 바깥으로 나와서야 모든 방향에서 빛을 고루 나뿜는 태양을 보았고 사물의 본 모습을 파악할 수 있었습니다.

회전하는 빛

그럼 태양 빛은 동굴 안의 횃불에 비해 어떤 점이 달랐을까요?

동굴 안의 횃불은 빛이 한쪽 방향으로만 비칩니다. 동굴 바깥에서 만난 태양은 시간에 따라 움직이며 넓은 공간을 여러 방향에서 비출 수 있습니다.

태양의 빛은 회전하는 빛입니다. 그래서 사물의 모습을 시시각각 여러 각도에서 관찰할 수 있습니다.

회전하는 빛으로 포착된 모습은 설령 진정한 실체의 모습이 아니라 하더라도, 그러니까 그 모습이 내면의 그림자라 하더라도 그렇게 비친 모습을(상황을) 모두 조합하면 사물의 온전한 모습을 추론할 수 있겠지요.

플라톤과 상대성이 무슨 상관?

흥미로운 건 플라톤의 사유를 상대성이론에도 적용할 수 있다는 겁니다. 특수상대성이론은 등속 직선운동이라는 특정한 조건에서 시간과 공간의 관계를 규명하는 이론입니다.

이때 물체의 속도로 γ를 계산하고 그 값으로 늘어난 시간(시간 지연)과 1/γ의 거리(길이) 수축을 알아낼 수 있습니다. 거기서 우리는 $E=mc^2$까지 유도할 수 있었지요.

특히 이 정보들은 입자의 질량, 운동에너지 같은 중요한 자료를 제공함으로써 미시의 입자들을 이해하는데 도움을 줍니다. 한데 우리가 살고 있는 거시세계를 제대로 이해하려면 특수상대성이론단으로는 충분하지 않습니다.

동굴의 비유에서는 동굴 안에서 뒤를 돌아본 죄수가 그것에 만족하지 않고 동굴 바깥으로 길을 찾아 나왔습니다. 거기서 그는 밝은 태양 빛을 통해서 물체들의 모습을 좀 더 명확하게 볼 수 있었죠.

우리도 동굴 밖으로 나갔던 그 사람처럼 관점을 넓힐 필요가 있습니다. 등속운동이라는 제약을 받는 특수상대성이론에서, 제약 없이 가속운동을 하는 일반상대성이론으로 확장해야 합니다. 그런 이론을 다루는 방정식이 중력장 방정식입니다.

문제는 중력장 방정식이 너무 어렵다는 거죠.

아인슈타인의 중력장 방정식은 텐서라는 수학적 도구를 사용합니다. 텐서를 쓰면 우주의 에너지와 시공간의 휘어짐을 수식으로 표현할 수 있습니다. 텐서는 일종의 행렬인데 물리를 전공하는 사람들도 어려워하는 부분입니다.

이 책에서는 텐서로 접근하지 않고 피타고라스 빛시계와 감마계수를 활용할 것입니다. 거기서 감마계수의 값을 변수로 전환해 '4차원 빛시계'를 만들겠습니다.

4차원 빛시계

이쯤 되면 이런 원성이 터져 나올 법하군요.
아니, 대체 빛시계가 뭐기에 또 만든다는 거야? 빛시계, 피타고라스 빛시계, 4차원 빛시계…

네. 빛시계가 자꾸 나오는 이유는 상대성이론을 이해할 때 빛시계만큼 좋은 도구가 없기 때문입니다. 4차원 빛시계는 특히 중요한데요. 뭐 완전히 새로 나온 빛시계라고는 할 수 없습니다.
4차원 빛시계는 피타고라스 빛시계에서 확장된 것이니까요. 즉 피타고라스 빛시계는 등속도라는 조건에서 고정된 감마계수 값으로 형성된 빛시계입니다.

4차원 빛시계는 임의의 감마계수에 의해 모든 가속 현상까지 반영하는 일반상대성이론의 빛시계죠.

4차원 빛시계로 접근하면 일반상대성이른으로 추론할 수 있는 개념들을 고스란히 이해할 수 있습니다. 이를테면 다양한 우주의 구조, 빛도 삼켜버리는 블랙홀, 시간과 공간 너머에 존재할지도 모르는 또 다른 우주의 가능성 …

일반상대성이론

γ로 이해하는 일반상대성

특수상대성이론은 정지한 관찰자가 등속운동을 하는 대상의 시간과 공간을 관측하고 기술하는 이론입니다.

피타그라스 빛시계는 특수상대성의 시간과 공간을 이해할 수 있는 유용한 도구로 쓰였습니다. 정지계에 있는 관찰자는 로렌츠 변환간으로 대상의 시간과 공간을 완벽하게 기술할 수 있었습니다. 그렇긴 해도 특수상대성이론을 적용할 수 있는 범위는 한정돼있죠.

일반적인 상황을 설명하려면?

그러니까 관측 대상이 되는 물체의 속도가 임의적으로 바뀌는 상황을 탐구할 수 있는, 일반상대성이론이 필요하다는 거죠.

γ로 접근하는 질량과 에너지

아인슈타인은 1905년에 특수상대성이론을 발표한 후, 11년이라는 적지 않은 세월에 걸쳐 일반상대성이론을 파고들었죠.

특수상대성이론에 비하면 일반상대성이론은 너무나 복잡한 이론입니다. 다행스럽게도 아인슈타인은 중력과 관성력이 동등하다는 걸 발견했고 동료 수학자의 도움까지 받아가며 중력장 방정식을 유도했습니다.

중력장 방정식에 따르면 우리가 살아가는 우주는 질량과 에너지 때문에 공간이 평평하지 않고 휘어져 있죠. 이 방정식은 일반인을 대상으로 설명하기에는 상당히 까다로운 수식입니다.

이 책에서는 감마계수를 이용, 중력장 방정식의 핵심인 질량과 에너지가 어떤 방식으로 우주의 시공간을 휘게 하는지 설명하겠습니다.

특수상대성이론에서 균일한 속도는 γ값을 일정하게 만듭니다. 일반상대성이론은 가속이 일어납니다. 감마계수가 가속 단계마다 변한다는 얘기죠.

특수상대성은 v가 일정한 경우에 한정된 이론이고, 일반상대성은 γ가 임의적으로 변하는 상황을 설명하는 이론입니다.

분리된 주체를 결합하라!

정지한 관찰자 A가 피타고라스 빛시계를 보면 시간이 늦게 갑니다. 여기서 공간이 휘는 건 A의 관점에서 설명할 수 있는 게 아니죠. 시간의 지연과 길이의 수축은 인식 주체가 어떤 상황을 경험하는가에 달려있습니다. 이것이 상대성이론을 이해하는데 중요한 작용을 합니다.

한마디로 우주선 밖에 있는 A에게는 시간 지연이 일어나고, 우주선을 타고 있는 B에게는 길이 수축이 발생한다는 겁니다.

뉴턴의 운동법칙 관점에서 보면 시간 지연과 길이 수축은 일종의 작용과 반작용 현상입니다.

상대성이론의 작용-반작용은 고전역학과는 확연히 다릅니다. 뉴턴의 작용-반작용 법칙은 동일한 점에서 발생합니다. 상대성이론에서 작용-반작용은 시간과 공간이라는 물리적 상황이 분리돼있는 두 관찰자에게 발생합니다.

철학적으로 접근하면 하나의 존재가 상황에 따라 두 개의 주체가 되는 겁니다. 인식하는 상황이 2개가 되면서 인식 주체도 2개로 분리되는 거죠.

일반상대성이론을 쉽게 이해하려면 A와 B의 분리된 경험을 하나의 경험으로 통합해야 합니다. 정지계의 관찰자 A와 우주선에 탑승한 B가 겪은 상황을 결합할 필요가 있다는 얘기죠.

이 책에서는 프레임(frame)이라는 용어를 사용하겠습니다. 계속 이어지는 동영상을 본다는 전제하에 서로 다른 인식의 주체를 하나로 통일한다는 거죠.

γ가 만드는 동영상 프레임

낱낱의 사진 여러 개를 모아서 동영상을 만든 다음, 재생하면 시간 흐름에 따라 영상이 한 장, 한 장 돌아갑니다. 이때 하나의 영상이 담긴 장면을 프레임이라 합니다.

이 프레임들을 일정한 순서로 배열한 뒤 속도를 부여해 연속으로 돌리면 움직이는 영상, 동영상이 되지요. 동영상 개념은 일반상대성이론에도 적용할 수 있습니다.

여기서 눈치 빠른 독자라면 무엇을 프레임으로 놓아야 할지 감이 잡힐 겁니다. 바로 고정된 감마계수가 피타고라스 빛시계의 프레임이 됩니다.

가속으로 움직이는 우주선이라도 매 순간 포착되는 우주선 속도는 일정하겠죠. 또 일정한 속도로 움직이는 우주선은 고정된 감마계수 값으로 정해질 테고요. 그다음은?

네. 일반상대성이론을 설명할 때 γ를 동원하겠다는 거죠. 순간순간 일어나는 시간과 공간의 변화를 보여주는 프레임으로 γ 값을 활용하자는 얘깁니다.

영화는 대략 1초에 24프레임 정도가 흘러가며 움직이는 상을 만듭니다. 여기서는 프레임 수를 줄여서 4개만 사용하겠습니다. 프레임 수가 부족한 거 아니냐고요?

우리의 목적은 공간이 휘는 상황을 제대로 파악하는 것이니 4개의 γ로 4개의 프레임만 만들어도 충분합니다. 고정된 프레임 4개를 2초 간격으로 8초간 돌려보는 동영상을 도입하면 공간이 휘는 상황을 추론할 수 있습니다. 4개의 프레임을 그리려면 우주선의 속도(v) 값으로 감마계수 값을 구해야 합니다.

$$\gamma = \frac{1}{\sqrt{1-(\frac{v}{c})^2}}$$

한데 감마계수 수식을 보면 속도의 변화가 γ값에 미치는 효과가 다소 복잡합니다.

게다가 변화하는 값이 구체적으로 어떤 방식인지 알 수 없습니다. 또 서로 다른 값을 갖는 프레임들이 시간과 공간에 영향을 미치는 정도를 파악하는 게 쉽지 않습니다.

피타고라스 빛시계를 이용하면 꽉 막힌 상황을 풀 수 있죠.

피타고라스 빛시계의 직각삼각형에서 빗변/높이의 비례값은 감마계수를 의미합니다. γ값이 그려내는 직각삼각형을 동영상처럼 연결할 수 있죠. 그럼 각 프레임에서 시간과 공간이 γ로부터 어떤 영향을 받는지 시각적으로 확인할 수 있습니다.

프레임이 4개인 피타고라스 빛시계

우리가 사용할 피타고라스 빛시계는 이렇게 생겼습니다.

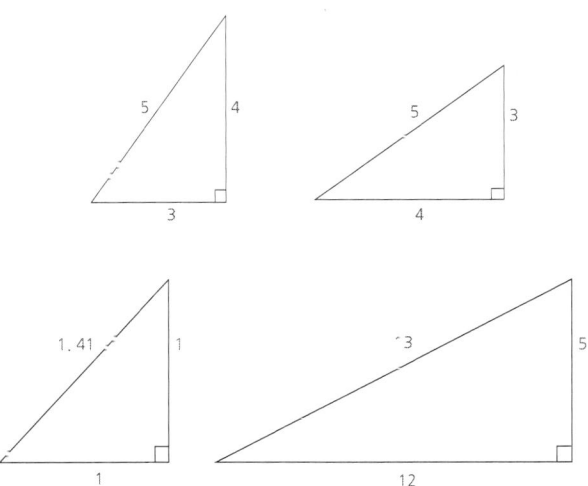

3:4:5, 4:3:5의 직각삼각형은 특수상대성이론에서 사용했죠. 일반상대성이론에서는 프레임으로 활용하겠습니다.

1:1:√2, 12:5:13의 직각삼각형은 처음 나왔습니다. 이제 직각삼각형의 빗변/높이의 비율로 감마계수를 구하고 그에 따른 우주선의 속도, 나아간 거리, 시간 지연, 길이 수축 값 들이 공간의 휨에 어떤 영향을 끼치는지 함께 생각해보겠습니다.

첫 번째 프레임에서 우주선 속도는 18만km부터 시작합니다. 수식을 사용해 감마계수 값을 계산해보죠.

$$\frac{1}{\sqrt{1-(\frac{v}{c})^2}} = \frac{1}{\sqrt{1-(\frac{18}{30})^2}}$$

$$= \frac{1}{\sqrt{1-(0.6)^2}} = 1.25$$

감마계수는 1.25가 됩니다.

이 값은 피타고라스 빛시계의 직각삼각형 3:4:5의 빗변/높이 (5/4=1.25)으로도 확인할 수 있습니다.

첫 번째 프레임 : F1 (t = 0~2초)

우주선의 속도 : 초속 18만km

t = 0초 시점에 정지한 A가 지구에 서 있습니다. 그 순간, 초속 18만km의 속력을 내는 B의 우주선이 A를 지나갑니다. 이런 상황은 특수상대성이론에서 설정했던 것이죠.

이제 설정을 일반상대성이론으로 바꾸겠습니다.

t = 0 시점에 아주 짧은 시간 동안, A가 B의 우주선에 올라타는 겁니다. 현실에서는 A가 순식간에 우주선에 승선하는 것이 불가능하죠.

설령 이 동작이 가능하다 해도 A의 몸이 가속에 따른 힘을 극복해야 합니다. 이 설정은 사고실험이니 A는 우주선에 안전하게 진입한다고 가정합시다.

이 시점에서 A는 피타고라스 빛시계의 위쪽에서 37°로 기울어져 있던 빛의 경로가 다시 수직으로 되돌아가는 모습을 보게 될 겁니다.

이것은 피타고라스 빛시계가 고유 빛시계로 되돌아가는 현상입니다. A가 B와 같은 시간으로 진입한 겁니다.

여기서 A가 B와 다른 점은 무엇일까요?

B는 애초부터 지상에 없었던 여행자입니다. 그는 지상의 시간과 공간에 대해 아는 바가 없고 그 차이도 모르는 관찰자입니다.

A는 우주선에 올라탄 이후, 우주선에서 체험하는 시간과 공간을 지상에서 경험했던 것과 비교할 수 있는 관찰자죠.

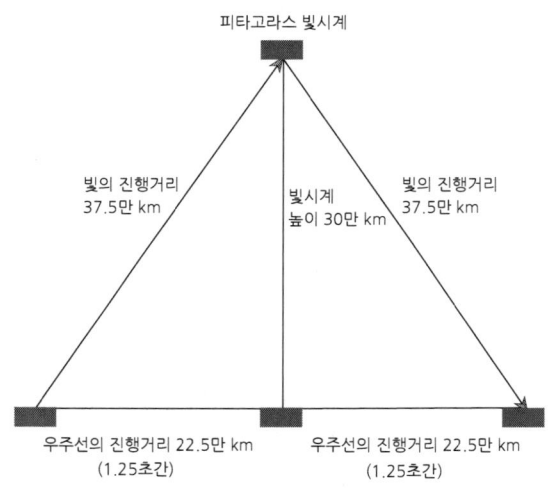

우주선의 속도: 초속 18만km일 때의 데이터

γ (시간 지연 비율) =1.25

우주선이 진행한 거리(2초간): 1.25×18만km×2초=45만km

피타고라스 빛시계의 위쪽 각도: 37°

두 번째 프레임 : F2 (t = 2~4초)

t = 2초, F1과 달리 A와 B는 우주선에 같이 타고 있습니다.

2초가 경과한 시점에 우주선에 순간 가속이 일어난다고 가정합시다. 순간 가속이 끝나면 우주선은 가속이 끝난 상황에서 (속도가 증가된 상황에서) 일정한 값으로 앞으로 움직일 겁니다.

그러면 A와 B가 탄 우주선은 다른 감마계수 값으로 두 번째 프레임을 만듭니다. 2단계(F2)에서 우주선이 나아가는 모습이, 지상의 관점에서 밑변: 높이: 빗변 비율이 1:1:√2인 직각삼각형이 되려면 우주선의 속도는 얼마가 돼야 할까요?

비례식에서 γ는 √2(1.414/1)가 되고 우주선이 1초간 나아간 거리는 30만km입니다. 이때의 우주선 속도는 다음과 같습니다.

30÷1.414= 21.2만km

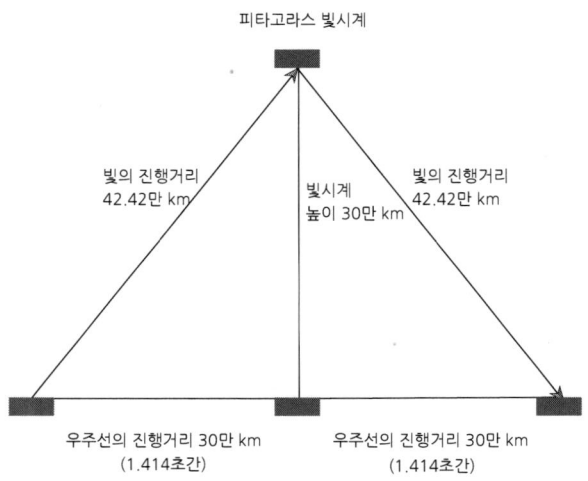

우주선의 속도 : 21.2만km의 데이터

감마계수 =$\sqrt{2}$, ($\fallingdotseq$1.414)

우주선이 2초간 진행한 거리: 1.414×21.2×2 = 60만km

피타고라스 빛시계 위쪽의 각도: 45°

세 번째 프레임 : F3 (t = 4~6초)

2단계에서 21.2만km의 등속도로 움직이던 우주선이 t = 4초에 다시 순간 가속운동을 합니다. 우주선 속도는 초속 24만km로 증가하고 2초 동안 등속운동을 하는 거죠.

여기서 2초간 우주선이 나아간 거리는, 정지계의 관점에서 다음과 같은 비율의 피타고라스 빛시계를 만들겠죠.

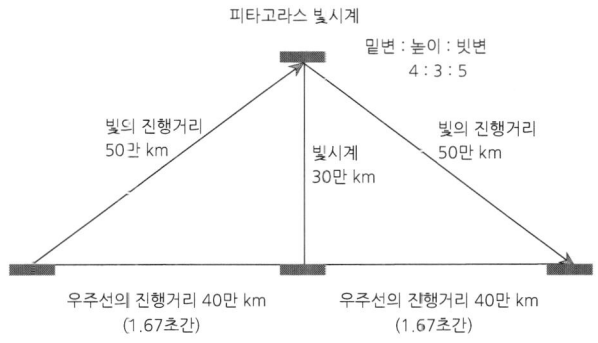

우주선이 나아간 거리가 40만km, 빗변의 거리는 50만km죠.
이것은 1단계(F1) 3:4:5의 비율을 4:3:5의 비율로 바꾼 겁니다.
그럼 다음과 같은 자료를 얻을 수 있습니다.

우주선 속도 : 24만km일 때의 데이터

감마계수 : 5/3

우주선이 2초간 진행한 거리: 24만km×(5/3)× 2 = 80만km

피타고라스 빛시계 위쪽의 각도: 53°

감마계수 값이 우주선의 속도로도 일치하는지 확인해보죠.

$$\gamma) = \frac{1}{\sqrt{1-(\frac{v}{c})^2}} = \frac{1}{\sqrt{1-(\frac{24}{30})^2}}$$

$$= \frac{1}{0.6} = \frac{5}{3} \fallingdotseq 1.6666...$$

직각삼각형이 빗변/높이 값과 같습니다.
이때 빗변과 높이가 이루는 각도는 53°입니다.

네 번째 프레임 : F4 (t = 6~8초)

3단계에서 24만km로 움직이던 우주선이 마지막 가속을 일으킵니다. 피타고라스 빛시계는 이제 12:5:13의 직각삼각형 비율을 갖게 되었습니다.

피타고라스 빛시계의 F4 직각삼각형 모습은 이렇습니다.

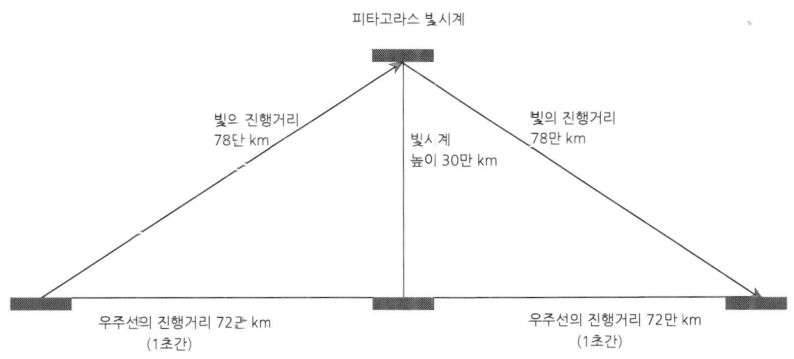

그럼 다음과 같은 자료를 쉽게 계산해낼 수 있습니다.

우주선 속도 : 27.7만km일 때의 데이터

감마계수 : 13/5=2.6

우주선이 1초 동안 진행한 거리: (12/5)×30=72만km

우주선의 속도 72÷2.6 ≒ 27.7만km

피타고라스 빛시계의 위쪽 각도: 67°

4개의 자료를 정리하면 다음과 같은 표가 나옵니다.

	F1 단계	F2 단계	F3 단계	F4 단계
우주선의 속도(v)	18만km	21.2만km	24만km	27.7만km
감마계수(γ)	1.25	1.41	1.67	2.6
지구에서 우주선을 관측했을 때 우주선이 1초간 진행한 거리(γv)	22.5만km	30만km	40만km	72만km
우주선이 2초간 이동한 거리(γv×2)	45만km	60만km	80만km	144만km
높이 위쪽의 각도	37°	45°	53°	67°

이 데이터로 무엇을 알 수 있을까요?

요컨대 핵심 정보는 감마계수가 제공한다는 거죠.

각 단계에서 우주선 속도가 증가하면 피타고라스 빛시계의 높이 쪽 예각이 더욱 커집니다. 그럼 직각삼각형의 빗변은 고유 빛시계의 수직 경로보다 길어지고 감마계수도 함께 커집니다.

<u>감마계수 값이 커지면 높이와 빗변이 이루는 각도가 90도 쪽으로 기운다</u>

거리 비교

이제 지구에서 우주선이 진행한 거리의 합과 우주선의 속도에 의해 앞으로 나아간 거리의 합을 비교해보겠습니다.

<u>지구의 정지계에서 볼 때 우주선이 이동한 거리의 합</u>

$(22.5 + 30 + 40 + 72) \times 2 = 329$만km

<u>시간의 경과</u>

$(1.25 + 1.41 + 1.67 + 2.6) \times 2 = 13.86$초

우주선에 탑승한 A와 B가 관측하게 되는 거리

우주선의 속도로 계산한 이동거리의 합
(18 + 21.2 + 24 + 27.7) × 2 = 181.8만km

시간의 경과
(1 + 1 + 1 + 1) × 2 = 8초

계산을 보면, A가 정지한 상태에서 본 거리와 우주선에 탑승한 다음 느끼는 거리가 다릅니다. 관측이 이루어지는 시간도 모두 다릅니다. 이런 현상은 어떻게 이해해야 할까요?

정지계와 가속계를 경험한 관찰자

우주선의 이동거리를 계산할 때는 우주선의 속도가 기준이 됩니다. 따라서 B는 8초가 경과하면, 우주선 속도에 의해 총 181.8만km 이동한 것이죠.
지구에서 정지해 있는 관찰자가 거리를 잰다면?

피타고라스 빛시계가 기준이죠. 총 거리는 329만km가 되고 우주선이 이 지점을 통과하는 시점은 13.86초 후가 될 겁니다.

이 상황과는 두관한 B는 이론상의 관찰자일 뿐이죠. 하지만 지구에서 t=0 시점에 우주선에 올라탄 A는 승선 이후, B와 같은 견해를 갖게 되겠죠.

근데 만약 A가 여전히 지구에 있다고 가정하면 지구에서의 시간이 피타고라스 빛시계에 의해 γ의 영향을 받을 겁니다. 그래서 13.86초 후에는 우주선이 총 329만km의 지점에 있다는 걸 이해할 수 있겠지요.

A는 우주선에서 자신이 겪은 경험을 이렇게 표현하겠죠.

"우주선을 타고 가속으로 여행하면 우주선 안에서는 시간이 지구의 시간에 비해 늦게 가네. 먼 거리도 줄어들어 가까운 곳이 되고."

A의 말을 정리하면 이렇습니다.

우주선의 속도가 변하면서 그 안에 있는 사람은 우주선의 시간이 천천히 흐른다고 생각한다.

지구에서 멀리 떨어진 거리도 가까이 있는 거리가(곳이) 된다.

그런 변화의 크기는 감마계수가 결정합니다.

감마계수를 한번 더 보고 가죠.

물체의 속도로 알아보는 감마계수

18만km	빛 속도의 0.6	γ : 1.25
21.2만km	빛 속도의 0.71	γ : 1.41
24만km	빛 속도의 0.8	γ : 1.67
25만km	빛 속도의 0.83	γ : 1.81
27만km	빛 속도의 0.9	γ : 2.29
27.7만km	빛 속도의 0.92	γ : 2.6
29.7만km	빛 속도의 0.99	γ : 7.09
29.85만km	빛 속도의 0.995	γ : 10
29.96만km	빛 속도의 0.9987	γ : 20

······

29.999..만km	빛 속도의 0.9999999	γ : 2236
29.99999..만km	빛 속도의 0.99999999	γ : 7071

물체의 속도가 빛의 속도에 가까워지면?

감마계수 값은 급격히 커집니다.

감마계수 때문에 피타고라스 빛시계의 모양이 달라집니다.

4단계 속도(F1, F2, F3, F4 프레임)의 피타고라스 빛시계는 각 변의 길이 비율이 달랐습니다. 그 때문에 지구에서의 시간과 우주선의 시간이 달랐습니다. 우주선의 경로는 휘어졌죠.

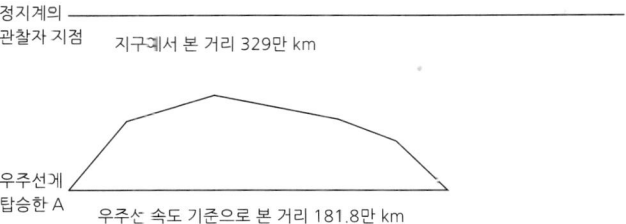

일반상대성이론의 시점?

지상의 시간과 우주선의 시간이 다르다는 것이 쉽게 와 닿지는 않을 겁니다. 관측 기준이 공간이 아니라 시간이니까요.

일반상대성이론을 받아들이려면 초점을 한 군데만 두면 안 됩니다. 지상에서 계속 머무는 사람의 관점이나 애초부터 우주선에 타고 있던 B의 관점에 맞추면 이해하기 힘듭니다. 처음에는 지상에 있었지만 이후 우주선에 탑승한 사람, 그래서 우주선의 변화를 직접 경험한 A의 관점으로 기술해야 합니다.

이제 4단계로 확장되는 피타고라스 빛시계를 A의 관점에서 생각해봅시다.

4차원 빛시계

피타고라스 빛시계가 4차원 빛시계로

　4차원 빛시계는 지상의 시점과 우주선의 시점을 모두 경험한 A에게 적용되는 시계입니다. A는 피타고라스 빛시계가 4차원 빛시계로 변하는 과정을 이야기할 수 있는 사람이니까요.

　처음 t=0 시점에 지상에 있던 A가 우주선에 올라타는 상황을 상상해보세요. 초속 18만km로 달리는 우주선을 타기 위해 A가 자신의 몸을 가속하면(빠르게 움직이면) 엄청난 힘을 받습니다.

　동시에 A는 37°로 기울어진 피타고라스 빛시계 경로가 고유 빛시계 경로로 바뀌는 상황을 머릿속에 그릴 수 있습니다. 그 과정에서 A에게 적용했던 피타고라스 빛시계의 시간 기준이 우주선의 고유 빛시계와 일치하게 됩니다.

이런 상상은 이후 우주선이 가속하는 나머지 단계에서도 동일하게 적용됩니다. 전체 과정을 그리면 이렇습니다.

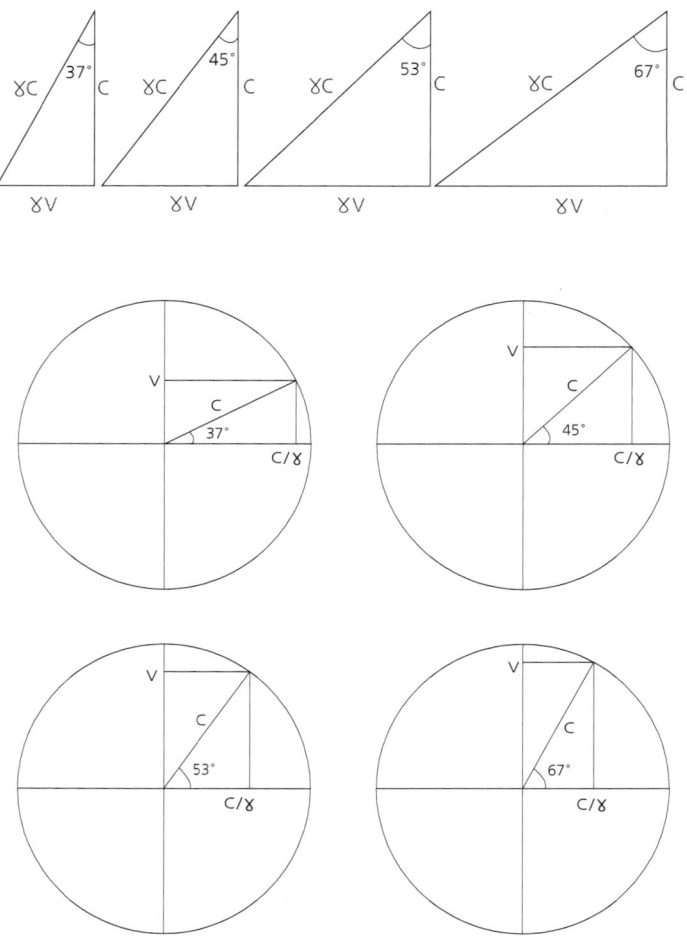

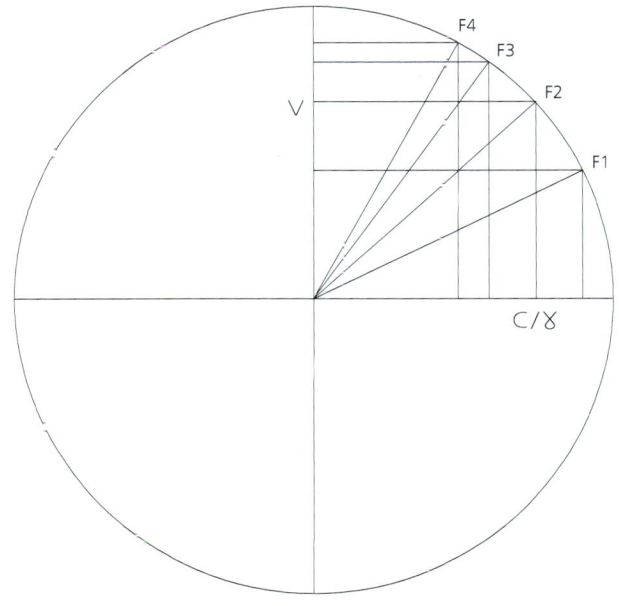

그림에서 원은 4차원 빛시계입니다.

4차원 빛시계가 나오게 된 과정을 살펴보겠습니다.

4차원 빛시계 제작 과정

- 먼저 각 θ를 좌표축의 회전으로 만들기 위해 직각삼각형을 90°로 눕힙니다. 그다음은 좌측으로 대칭을 만듭니다.

- 피타고라스 빛시계의 빗변과 밑변에 감마계수가 곱해져 있죠. 각 변을 감마계수로 나눕니다.

왜? 빗변의 경로를 고유 빛시계와 맞추기 위해서죠.
4차원 빛시계에서는 피타고라스 빛시계 시간을 우주선의 고유시간과 일치시켜야 하니까요.

- 길이가 C로 변환된 빗변을 회전 반경으로 하고 각 θ를 회전각으로 하면 높이는 우주선의 속도 v, 밑변은 c/γ가 되는 좌표축이 나옵니다.

이렇게 해서 생긴 원이 바로 4차원 빛시계입니다.

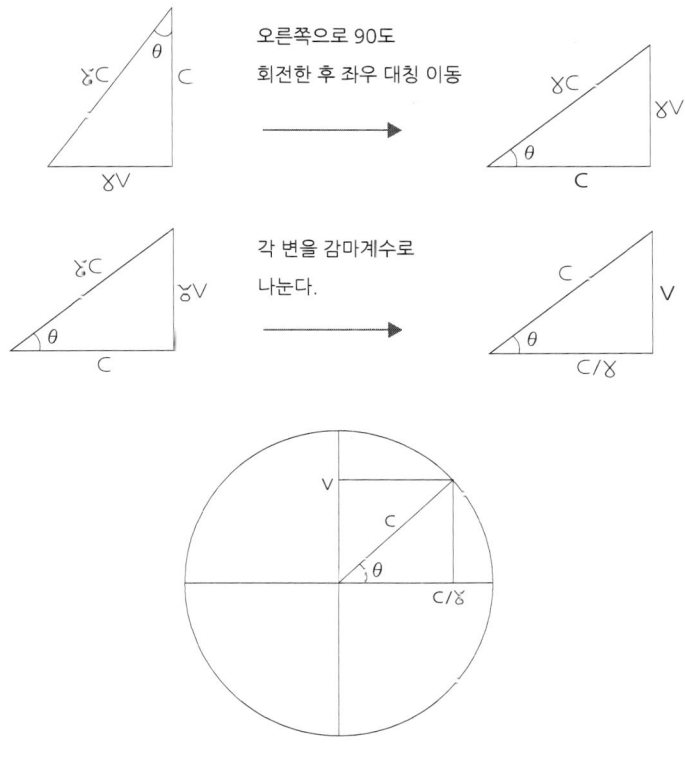

4차원 빛시계의 위력

일반상대성이론에서 4차원 빛시계는 무엇을 의미할까요?

4차원 빛시계의 밑변과 높이, 좌표로 무엇을 알 수 있을까요?

회전하는 원에서 기준은 빛의 속도입니다. 회전 반경이 광속도 c 라는 게 대체 무슨 의미냐고요?

A가 관찰하게 될 주변 상황은 우주선이 가속운동을 하는 매 순간의 변화에 맞추어져 있다는 뜻입니다.

그럼 회전 각도 θ는 무엇을 의미할까요?

회전각 θ는 우주선 속도에 의해 피타고라스 빛시계의 높이가 기울어지면서 생긴 것이죠. 이때 길어진 길이 비율은 감마계수가 되고 그건 바로 늘어난 시간입니다.

이걸 감마계수로 다시 나누어 밑변의 길이를 줄였습니다.

이 부분을 달리 표현하면 이렇습니다.

우주선을 타고 우주 공간을 여행하는 A는 지상의 경험을 기억하고 있기에 여행하는 동안 자신의 주위 공간이 수축한다고 느낀다.

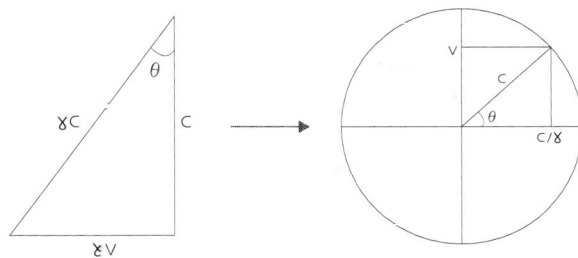

원을 이용하던 각각의 프레임(F1, F2, F3, F4)에서 가장 핵심이 되는 공간의 축소비율과 우주선의 속도를 좌표 (c/γ, v) 로 표시할 수 있습니다.

우주선의 속도가 광속도까지 가속되는 상황을 상상해보세요.

우주선의 속도가 빛에 가까이 접근하면 γ값은 무한대에 가까워집니다. 거리는 수축되어 한 점으로 수렴합니다. 그때의 운동에너지는 $E=mc^2$에 의해 에너지와 물질이 동등하므로 우주선의 질량도 무한히 커집니다.

그러나 우주선의 속도는 '광속도 불변원리'에 따라 빛의 속도를 넘어갈 수 없습니다.

이제 4차원 빛시계로 끌어낼 수 있는 수식을 알아봅시다.

4차원 빛시계가 제공하는 중요 수식들

- 질량 - 에너지 등가 공식

아인슈타인은 특별한 발상으로 질량과 에너지 등가 공식 $E=m_0c^2$을 유도해냈습니다. 우리는 피타고라스 빛시계에서 감마계수를 변수로 놓고 4차원 빛시계를 만들었죠.

이 시계를 이용하면 우리는 $E=mc^2$보다 더 원천적인 식, 질량과 에너지, 운동량까지 포함한, $E=mc^2$ & $E^2=p^2c^2 + m_0^2c^4$ 수식을 유도할 수 있습니다.

그럼 4차원 빛시계에서 $E^2=p^2c^2 + m_0^2c^4$을 유도해봅시다.

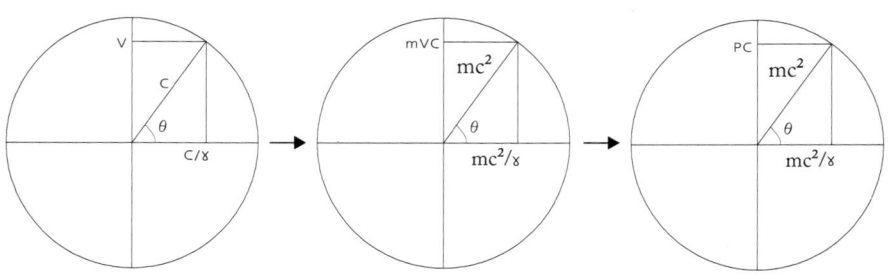

그림어서 직각삼각형의 각 변에 mc의 값을 곱합니다.

여기서 곱하는 m 값은 정지질량 m_0가 아니라 운동하는 질량입니다. m_0에 γ를 곱한 값이니 운동에너지가 포함된 질량이죠.

질량 m_0 : 정지 질량

질량 m : 운동하는 물체의 질량

$$m = \gamma m_0$$

이런 관계를 염두에 두고 4차원 빛시계의 직각삼각형 각 변에 mc를 곱합니다. 그런 다음 피타고라스 정리를 적용합니다. 각 변을 제곱하면 다음 수식이 유도됩니다.

$(mc^2)^2 = p^2c^2 + m_0^2c^4$

이런 생각을 하는 분이 있을 겁니다.

'아니, 이 수식만으로 $E^2 = p^2c^2 + m_0^2c^4$ 가 성립한다는 거야? 수식에 물리적인 의미가 담겨 있을 것 같지는 않은데.'

네. 그렇게 느낄 수 있습니다.

우리는 아인슈타인이 유도한 수식 $E = m_0c^2$을 알고 있죠.

특수상대성이론으로 $p = mv = \gamma m_0 v$라는 것도 알 수 있습니다.

두 식의 관계로 판단할 때 총에너지는?

$E = mc^2 = \gamma m_0 c^2$이죠.

그럼 다음과 같은 총에너지 수식이 성립합니다.

$(mc^2)^2 = p^2 c^2 + m_0^2 c^4$

$\rightarrow E^2 = p^2 c^2 + m_0^2 c^4$

영국의 물리학자 디랙(Dirac 1902~1984)은 이 수식으로 4차원 시공간에서는 에너지(E)값이 음으로도 존재할 수 있음을 알았습니다. 그래서 양전자의 존재까지 예측했고 1933년 노벨 물리학상을 수상했죠.

물체가 정지하고 있다면

$E^2 = p^2 c^2 + m_0^2 c^4$에서 $p^2 c^2 = 0$

그럼

$E^2 = p^2 c^2 + m_0^2 c^4 \rightarrow E = m_0 c^2$

아인슈타인이 창의적 사고로 유도했던 식($E = m_0 c^2$)은 위 식의 특수한 경우(정지 질량)에 해당하는 것임을 알 수 있죠.

이것으로 우리는 $E^2=p^2c^2+m_0^2c^4$은 가속 운동하는 물체의 운동에너지까지 포함하는, 일반상대성이론의 에너지 - 질량 - 운동량 동등의 식임을 수긍할 수 있습니다.

$E^2=p^2c^2+m_0^2c^4$ 수식은 상대성이론에서 참으로 귀중한 식입니다. 로렌츠 변환식보다 더 중요한 기능을 할 수 있습니다. $E^2=p^2c^2+m_0^2c^4$ը 특수상대성뿐 아니라 가속 현상이 발생하는 일반상대성 상황에도 적용 가능한 수식입니다. 양자역학에서는 '물질파의 파장과 운동량의 관계'를 이어주는 역할도 합니다.

이 수식을 대학에서는 복잡한 전개 과정을 통해 끌어냅니다.

문제는 수식의 의미가 감각적으로 잘 와 닿지 않는다는 거죠.

아인슈타인이 $E=m_0c^2$을 끌어낸 과정을 상기해보세요. 그는 수식을 유도할 때 적분과 미분의 개념을 거의 사용하지 않았습니다. 오히려 SF소설 같은 발상으로 기하적인 환경을 설정했습니다. 그다음은?

2년 동안 추론과 사고실험을 거치면서 식에 대한 확신을 얻었습니다. 이런 사정을 고려하면 감마계수도 기하적인 이미지로 받아들일 수 있겠지요.

4차원 빛시계로 도출할 수 있는 수식을 하나 더 보겠습니다.

- 로렌츠 변환

로렌츠 변환은 갈릴레이 변환을 바탕으로 유도합니다.
먼저 갈릴레이 변환을 봅시다.

$x' = x - vt$
$y' = y$
$z' = z$
$t' = t$

꼭짓점이 (0.0)인 2차 방정식 $y = x^2$을 x축으로(오른쪽으로) 2만큼 이동하면 다음과 같은 수식이 됩니다.

$y = x^2 \rightarrow y' = (x-2)^2$

이번어는 상수 2대신 변수 vt로 치환합시다.

→ $x' = x - vt$

이제 갈릴레이 변환에 γ를 곱한 이유를 자세히 알아보죠.
특수상대성은 완벽한 대칭성이 성립하는 이론입니다.
B의 기준계 x로 (x,t)를 표시하려면?
우주선의 위치는 정지계가 되고, 정지계는 움직이는 대상이 되어야 합니다. 이 부분을 염두에 두고 $x' = x-vt$의 수식을 생각해보죠.
x'와 t'의 기준은?
x'와 t'의 값은 피타고라스 빛시계를 통해 얻은 값입니다.
그때 각 변수들의 성질은 다음과 같습니다.

x : 수축된 길이(움직일 때 측정되는 거리)
t : 늘어난 시간
x' : 고유 길이
t' : 고유 시간

우주선의 속도 : 초속 18만km일 경우

정지계에서 피타고라스 빛시계로 본 우주선의 1초 후 이동거리는?

x : 18만km

t : 1초

x' : 22.5만km

t' : 1.25초(시간지연)

위 상황을 보고, 정지계에 있는 A는 이렇게 얘기하겠죠.

지상의 시간은 1.25초 길어지고(지연되고)

거리는 22.5만km에서 18만km로 수축되었다.

시간은 지상의 시간이 길어진 것이죠.

거리는 우주선에 탄 B가 측정한 것이니 수축한 겁니다.

바로 이 부분이 혼란을 일으킵니다.

x' 값의 기준은?

x'는 우주선의 위치를 원점으로 한 기준 좌표 값입니다.

만약 고전역학을 따른다면?

갈릴레이 변환 x' = x - vt 만으로 충분합니다. 즉 초속 18만km로 움직이는 우주선에 탑승한 B는 1초 후에 지구로부터(x'의 좌표로 표시하면 오른쪽으로) 18만km에 있을 겁니다.

특수상대성이론의 대칭성을 고려하면? 이 값은 맞지 않죠.

B의 위치는?

피타고라스 빛시계에 의해 시간이 γ초만큼 길어지는 상황에서 우주선이 이동한 거리가 기준점이 돼야겠죠.

즉 x' = x - vt에 γ를 곱해야 합니다.

예를 들어보죠.

속도가 초속 18만km면 우주선은 우주선의 시간으로 1초 후에 18만km 거리를 이동합니다.

정지계에서 피타고라스 빛시계로 보면 우주선이 1.25초 후에 22.5만km 이동한 지점에 있습니다.

갈릴레이 변환에 의하면 우주선이 나아간 이동거리 18만km로 표시됩니다. 이 값에 다시 γ(1.25)를 곱해 지구상에서 이동한 거리로 만들어야 합니다.

$x' = x-vt \rightarrow x' = \gamma(x-vt)$

y축과 z축은 변한 게 없으니 그대로 사용합니다.

$x' = \gamma(x-vt)$

$y' = y$

$z' = z$

이제 남은 것은 시간 t의 수정입니다.

시간 수정은 $x' = \gamma(x-vt)$ 변환을 광속 불변원리를 이용해 시간축으로 바꾸는 과정이죠.

광속도 불변을 수식으로 바꾸면

$x = ct$

$x' = ct'$

c는 1초당 30만km.

위 수식이 의미하는 건?

빛이 진행한 거리는 매개상수 c에 의해 시간과 1:1로 대응한다는 겁니다. 이것이 바로 광속 불변원리죠.

이 식을 x' = γ(x-vt) 식에서
x↔t, x'↔t'의 방법으로 치환하면?
공간축을 시간축인 t와 t'의 관계로 변환할 수 있죠.

$x' = \gamma(x-vt) \rightarrow ct' = \gamma(ct-vt)$
$ct' = \gamma(ct-vt) \rightarrow t' = \gamma(t-vt/c)$

마지막으로 x=ct를 사용해 t의 변수를 x로 치환하면
$t' = \gamma(t-vt/c) \rightarrow \gamma(t-vx/c^2)$

이것으로 로렌츠 변환의 최종식이 유도되었습니다.

$x' = \gamma(x-vt)$
$y' = y$
$z' = z$
$t' = \gamma(t-vx/c^2)$

정리

상대성이론을 이해하는 데 있어 꼭 필요한 핵심 사항은 모두 살폈습니다. 이제 살핀 내용을 간단히 짚어보겠습니다.

이 책을 한마디로 정의하면?

상대성이론을 직각삼각형으로 설명했다는 거죠.

워밍업에서는 기하학의 기본에 해당하는 '피타고라스의 정리'를 소개했습니다. 또 뉴턴의 운동방정식과 관성의 법칙을 보았죠. 그러면서 관성의 운동에너지와 에너지 보존법칙의 연관성을 수식과 함께 다루었습니다. 덧붙여 기준좌표계와 갈릴레이 변환을 비교했죠.

특수상대성에서 다룬 주제는 광속도 불변, 빛시계, $E=mc^2$, 상대성이론과 기하학의 관계를 살폈습니다.

광속도 불변에서는 맥스웰의 파동방정식, 갈릴레이 변환으로 접근한 시간을 보았습니다. 아인슈타인이 시간의 절대성을 포기하고 시간을 하나의 이벤트로 접근하게 된 과정도 소개했죠.

빛시계에서는 피타고라스 빛시계가 나왔습니다.

피타고라스 빛시계는 특수상대성에 안성맞춤인 시계죠.

피타고라스 빛시계는 정지계의 관찰자가 등속도로 움직이는 관찰자의 시간지연 비율을 직각삼각형 빗변의 길이(기울어진 각도)로 그현한 빛시계입니다.

고유 빛시계는 수직으로 왕복운동을 하고, 피타고라스 빛시계는 우주선의 이동 경로가 더해졌으니 빛의 경로가 사선을 그리죠. 피타고라스 빛시계로 로렌츠 변환도 유도했습니다.

$E=mc^2$에서는 아인슈타인이 시도했던 사고실험의 원형을 따라가되, 피타고라스의 직각삼각형을 활용하면서 $E=mc^2$을 유도했습니다. 질량이 에너지로 바뀌는 과정, 에너지의 증분을 피타고라스 빛시계로 살폈습니다.

고대 그리스 철학자들에서는 탈레스와 제논, 플라톤을 살폈습니다. 그들은 존재의 본질에 대해 따져 물었던 철학자이면서 시간과 공간을 탐구한 과학자였습니다. 고대 철학자들에게 기하학은 학문의 기본이었죠.

탈레스 편에서는 탈레스의 직각삼각형이 피타고라스 정리에 의한 직각삼각형으로 바뀌는 과정을 보았습니다.

제논 편에서는 스승인 파르메니데스의 '영원히 변하지 않는 하나'를 소개했습니다. 또 '아킬레스와 거북이의 경주'로 잘 알려진 '제논의 역설'을 자세히 살폈습니다.

제논의 논증(영원히 이어지는 거리, 점점 줄어들고는 있으나 끝없이 연속되는 거리)을 직각삼각형으로 짜인 관계 거리로 접근해 설명했던 거죠.

플라톤 편에서는 동굴의 비유를 통해 빛의 방향에 대해 생각했습니다. 사슬에서 풀려난 죄수가 좁은 동굴 안에서 본 횃불은 한 방향으로만 비치는 빛이죠. 동굴 밖에서 바라본 태양은 시간에 따라 움직이며 넓은 공간을 여러 방향에서 비출 수 있는, 회전하는 빛입니다. 이를테면 일반상대성에서 설명할 빛시계와 연관이 있다는 거죠.

일반상대성에서 다룬 주제는?

감마계수(변화하는 시공의 비율)가 만드는 동영상 프레임을 소개하면서 프레임이 4개인 피타고라스 빛시계를 설명했습니다.

정지계와 가속계를 경험한 관찰자를 통해 일반상대성이론의 시점에 대해서도 생각해보았죠.

또 일반상대성에 특화된 '4차원 빛시계'를 동원해 물체의 속도와 공간의 수축을 눈으로(시각적으로) 확인했습니다. 덧붙여 4차원 빛시계에서 질량-에너지 등가 공식과 로렌츠 변환을 끌어내는 것으로 일반상대성이론을 마쳤습니다.

참고 자료

사카이 쿠니요시, <세상에서 가장 재미있는 상대성이론>, 강현정 옮김, 지브레인 2018.

박홍균, <세상에서 가장 쉬운 상대성이론>, 이비컴 2017.

이종필, <이종필의 아주 특별한 상대성이론 강의>, 동아시아 2015.

쿠르트 피셔, <아인슈타인의 상대성이론>, 박재현 옮김, 지브레인 2013.

로렌스 크라우스 지음, <거울 속의 물리학>, 곽영직 옮김, 승산 2020.

리처드 뮬러, <나우 : 시간의 물리학>, 장종훈; 강형구 옮김, 바다출판사 2019.

킵 S. 손, <블랙홀과 시간여행>, 박일호 옮김, 반니 2019.

야마모토 마사후미, <만화로 쉽게 배우는 상대성 이론>, 이도희 옮김, BM성안당 2012.

뉴턴코리아 편집부, <누구나 이해할 수 있는 상대성 이론>, 허만중 옮김, 뉴턴코리아 편집부 2008

고중숙, <문과생도 이해하는 $E=mc^2$>, 꿈꿀자유 2017.

뉴턴프레스 편집, <차원의 모든 것>, 강금희; 이세영 옮김, 아이뉴턴 2019.

로랑 셰페르, <퀀텀= Quantum>, 이정은 옮김, 한빛비즈 2020.

페드루 G. 페레이라, <일반상대성이론 100년사>, 전대호 옮김, 까치 2014.

뉴턴프레스, <시간이란 무엇인가?>, 아이뉴턴 2019.

마쓰우라 소, <시간의 본질을 찾아가는 물리여행 : 시간이란 무엇일까>, 송은애 옮김, 프리렉 2018.

아이뉴턴 편집부, <물리의 기본 : 힘과 운동편>, 아이뉴턴 2019.

레너드 서스킨드, 조지 라보프스키, <물리의 정석, 고전 역학편>, 이종필 옮김, 사이언스북스 2017.

레너드 서스킨드, 아트 프리드먼, <물리의 정석, 양자 역학편>, 이종필 옮김, 사이언스북스 2018.

크리스토퍼 J. 로위, <플라톤의 철학>, 유원기 옮김, 서광사 2019

이정우, <세계철학사. 1, 지중해세계의 철학>, 길 2018.

이종환, <플라톤 국가 강의 = Platon politeia 강의>, 김영사 2019.

플라톤, <티마이오스>, 김유석 옮김, 아카넷 2019

피타고라스로 푸는 상대성이론
기하로 이해하는 시간과 공간

© 임성민·정문교 2020

발행일 2020년 11월 19일 초판 1쇄
발행일 2022년 07월 21일 초판 2쇄

지은이 임성민·정문교
펴낸 곳 봄꽃 여름숲 가을열매 겨울뿌리 | **등록** 2015년 6월 16일 제 2015-00189호
대표전화 031-348-6316 | **팩스** 0505-312-3116
이메일 seasonsinthelife@naver.com | **블로그** blog.naver.com/seasonsinthelife
ISBN 979-11-87679-25-7(03420)

이 책의 저작권은 저자에게 있으며 저작권법에 따라 보호를 받는 저작물이므로 무단전재와 복제를 금합니다. 정가는 뒤표지에 있습니다. 잘못된 책은 구입하신 곳에서 교환해 드립니다.